【励志】

# 正能量社交

受益一生的心灵枕边书

精华版

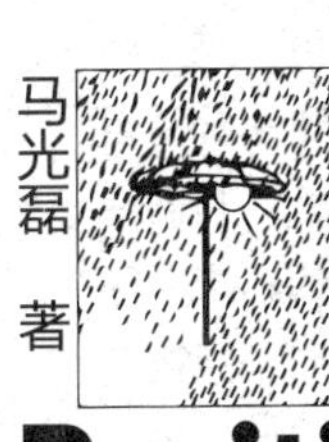

马光磊 著

Positive Social

风靡全球的正能量，影响着我们的社交生活！

中华工商联合出版社

图书在版编目（CIP）数据

正能量社交 ：精华版/马光磊著. --北京：中华工商联合出版社，2016.7（2021.7 重印）

ISBN 978-7-5158-1707-1

Ⅰ.①正… Ⅱ.①马… Ⅲ.①心理交往－通俗读物 Ⅳ.①B848.4-49

中国版本图书馆CIP数据核字（2017）第002931号

## 正能量社交：精华版

作　　者：马光磊
责任编辑：郑承运　李　瑛
封面设计：吕丽梅
责任审读：李　征
责任印制：迈致红
出版发行：中华工商联合出版社有限责任公司
印　　刷：唐山富达印务有限公司
版　　次：2017年3月第1版
印　　次：2021 年 7 月第 4 次印刷
开　　本：710mm×1000mm 1/16
字　　数：200千字
印　　张：14.75
书　　号：ISBN 978-7-5158-1707-1
定　　价：78.00 元

服务热线：010-58301130
销售热线：010-58302813
地址邮编：北京市西城区西环广场A座19-20层，100044
http://www.chgslcbs.cn
E-mail: cicap1202@sina.com（营销中心）
E-mail: gslzbs@sina.com（总编室）

# P R E F A C E 序

目前，相当多的人觉得自己是寂寞的。其中，大部分属于生活中的感情问题，包括失恋、配偶分离等；小部分属于工作失败，但这并不是说自己的专业技术和能力不够，而是因为缺乏良好的人际关系。

社交沟通是需要有正能量的：在初识他人时，要运用自己的智慧给他人留下良好的印象，增进彼此的好感度。

有时候很可能会因为某些事、某些人、某句话而改变他人对自己的看法，尤其是在他人还不了解自己、处于警惕和防范的社交初始阶段。

如果你希望对方能够对你有一个良好的印象，希望双方能够交往下去，或者是希望能够更进一步，那么，你就要在和对方交谈或共事之前，运用正能量来增进你们之间的友谊。

在伴侣或同事、亲密朋友、上级领导等对自己有一定了解的人面前如何做到言语得体，处事得当呢？如何让自己在生活中轻松愉快，在工作中游刃有余呢？这就需要你发挥出正能量来沟通，从而获得伴侣的喜爱、同事的帮助、朋友的支持、上司的青睐等。

生活中你难免会因为某些事而斤斤计较，俗话说“清官难断家务事”，每个人都希望“家和万事兴”。然而，家事处理起来最为麻烦，也最容易产生矛盾。

在工作中，你难免会因为某些原因与同事相互竞争、较劲，以至于到后来你争我夺，导致工作都无法正常进行，事业出现低谷，领导开始对你不满，自己开始感觉孤立无援。

我们建议每个人在与人沟通中都要发挥出正能量：要拥有一颗宽容的心。在生活中，理解与包容自己的亲人，让自己多受一些委屈，给亲人一定的退路，这样才能获得亲人的信赖与关爱。在工作中，要学会与同事在工作上共进共退。要有积极向上的事业心和进取行动，让领导对你更加欣赏。

CONTENTS 目录

## 第一章

## 说有“人情味”的话，做有“人情味”的事

很多人都说现在与人共事越来越难了，但如果能本着有“人情味”的原则行事，还是能够找到与人交流的突破口的。



## 第二章

## 低调做人，高调做事

在工作和生活中，人们有时会隐藏自己内心的想法，同时也在不断猜测判断别人的想法，在剖析他人的同时也在为自己寻找恰当的机遇。若以君子之心度人，本着“低调做人，高调做事”的原则与人交心，其实做人做事并不累。

## 第三章 千变万变，人性不变

无论一个人怎样改变，与生俱来的性情永远是深植骨髓的。外界环境虽然能改变一个人的心理，但很难改变一个人的性情。如果你能了解对方的品性，即使对方有任何变化，你都能在第一时间内洞察。人心也许是善变的，但人性是不变的。

C O N T E N T S 目录

目录 CONTENTS

## 第五章 好人气来自日积月累的投资

投资人气不一定非要借助金钱，让对方感受到“雪中送炭”的情意，同样可以以德服人。



## 第六章 警惕职场中温柔的陷阱

“千里之行，始于足下。”要想赢得身边人的认可和帮助，光有想法是不够的。尤其是那些刚走进社会的年轻人，必须从一开始就警惕职场中那些温柔的陷阱，学会堂堂正正做人。

## 第七章
## 有些禁忌决不能碰

每天工作在狭小封闭、人群集中的空间里，彼此难免会发生一些小摩擦。每个人做事都要讲原则，有些人生中的禁忌一定不能触犯。

目录 CONTENTS

## 第八章 别让坏情绪扰乱你的日常生活

许多人都容易在情绪冲动时做出使自己后悔不已的事情来，因此，应该采取一些积极有效的措施来控制自己冲动的情绪。

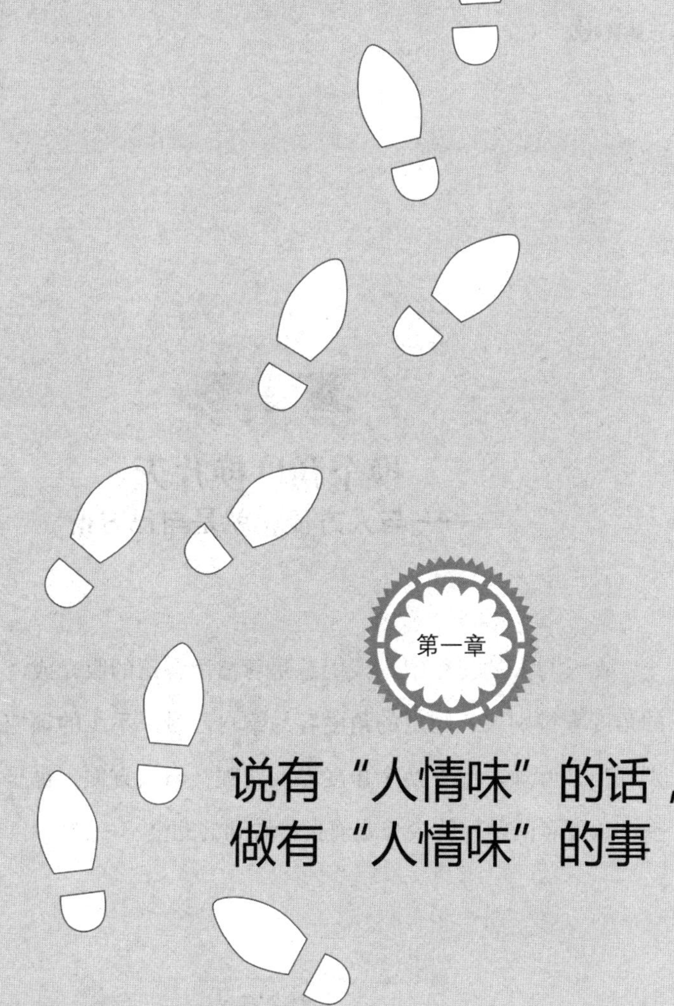

第一章

# 说有“人情味”的话，做有“人情味”的事

很多人都说现在与人共事越来越难了，但如果能本着有“人情味”的原则行事，还是能够找到与人交流的突破口的。

# 换个角度换片天

## ——与人方便，就是与己方便

在人与人的交往中，人们总是习惯用自己的眼光或者是站在自己的角度看待别人。固定的角度容易给自己带来不少的烦恼，也容易给别人带来麻烦。何不换个角度看问题呢？与人方便，也是与己方便。换个角度看问题，就会与之前自己看到的完全不一样。

### 理解万岁

在与人交往的过程中，难免会发生一些误会或者是摩擦。双方就一件事情或者一个问题僵持，都不肯妥协。造成这种局面的原因就是双方都站在自己的角度看问题，不理解对方，固执己见地认为自己是对的。试想，如果在双方僵持的时候，互换一下角度，站在对方的立场上思考问题，势必会是另外一种局面。

换个角度的实质就是“理解”，“理解”是人与人交往中应该具备的最基本态度。由于双方之前所处的环境和所受的教育不同，在人生观和价值观方面肯定也会有所差异。一旦进行交流，很可能会存在分歧。这个时候，只要设身处地考虑他人的处境和心态，完全可能化干戈为玉帛。

1863年，当恩格斯的妻子玛丽·白恩士患心脏病突然去世时，他十分悲痛地写信告诉马克思，信中说：“我无法向你表达我现在的心情，这个可怜的姑娘是以她的整个心灵爱着我的。”

第二天，马克思从伦敦给在曼彻斯特的恩格斯写回信。信中对玛丽去世的噩耗只说了一句平淡的慰问的话，却不合时宜地诉说了一大堆自己的困境：肉商、面包商即将停止赊账给他，房租和孩子的学费又逼得他喘不过气来。“一句话，魔鬼找上门了……”生活的困境折磨着马克思，使他忘却了、忽略了对朋友的不幸加以关切。

处在极度悲痛中的恩格斯收到这封信，不禁有点生气了。从前，两位挚友之间常常隔一两天就通信一次，这次，一直隔了5天，恩格斯才给马克思复信，并在信中毫不掩饰地说：“你自然明白，这次我自己的不幸遭遇和你对此的冷冰冰的态度，使我完全无法做到早些给你回信。我的一切朋友，包括佣人在内，在这种使我极其悲痛的时刻对我表示的同情和友谊，都超出了我的预料范围。你却认为这个时刻正是表现你那冷静的思维方式的时机。那就随便吧！”

波折已经发生，友谊经历着考验。这时，马克思并没有为自己辩护，而是做了认真的自我批评。10天以后，当双方都平静下来的时候，马克思写信给恩格斯说：“从我这方面说，给你写那封信是个大错，信一发出我就后悔了。然而这绝不是出于冷酷无情。我的妻子和孩子们都可以作证，我收到你的那封信（清晨寄到的）时极其震惊。到晚上给你写信的时候，则是处于完全绝望的状态之中。在我家里坐着房东打发来的催款人，收到了肉商的拒付期票，家里没有煤和食品，小燕妮卧病在床……”

出于对朋友的理解和信赖，收到这封信后，恩格斯立即谅解了马克思。后来，他在给马克思的信中说：“对你的坦率，我表示感谢。你自己也明白，前次的来信给我造成了怎样的影响。我接到你的信时，她还没有下葬。应该告诉你，这封信在整整一个星期里始终在我的脑际盘旋，没法把它忘掉。不过不要紧，你最近的这封信已经把前一封信所留下的印象消除了，而且我感到高兴的是，我没有在失去玛丽的同时再失去自己最好的老朋友。”

恩格斯随信还寄去一张100英镑的支票，以帮助马克思渡过困境。

人们肯定会感叹马克思和恩格斯之间伟大的友谊，但是同时应该想到的是，正因为恩格斯后来站在马克思的立场上考虑到对方的处境，才会在自己大受打击的时候原谅了马克思。

人际交往中最重要的就是互相理解，但是很多人最大的缺点也是不会换位思考。戴尔·卡耐基在《人性的弱点》一书中说：“如果你能从别人的角度多想想，你就不难找到处理问题的方法，因为你和别人的思想沟通过了，有了彼此了解的基础。”

## 度人即是度己

人们常说：“与人方便就是与己方便。”又有人说：“度人即是度己。”两句话的道理都是一样的。与人交往的时候，要时刻考虑别人的感受和处境，方便别人的同时也方便了自己。人是一种很容易以自我为中心的，有时候会不顾及别人的感受。对自己要求少，却对别人很苛刻。事实上，只需要一种换位思考的能力，就可以完全逆转局面。宽容了别人，也就等于解脱了自己；与人方便，也就是与己方便。

有一句俗语说：“瞎子点灯，白费蜡。”但这只是人们从自己的角度出发考虑的。盲人点灯的同时，不但为别人照亮前进的道路，也是为了避免别人因为视线不明撞到自己。方便别人时也方便自己，何乐而不为？但是在实际生活中，又有多少人能够度人度己呢？

人生在世，免不了要与人交往。如果只是考虑到自己的利益或者感受的话，必定会使他人觉得不舒服。凡事替别人着想，处处留有余地，就将是另外一种局面。但人有时是自私的，往往总会先想到自己。将自己的观点说给别人听可以，但是要接受别人的观点很难，真正能做到“与人方便，就是与己方便”并不容易。在与别人交往的时候，多从别人的角度出发，把自己当成是对方，把对方当成是自己，考虑一下，如果对方遇到这样的情况会怎么想、怎么做。然后再和自己的想法作比较，就很容易使交流变得顺利。

与人方便，就是与己方便。换个角度考虑问题，学会站在对方立场上思考，这是人际交往中不败的真理。

# 助人为乐要讲策略
## ——帮人也要讲艺术

人们常说：“予人玫瑰，手留余香。”所以，帮助别人的同时也是在帮助自己。但是你以帮助别人为快乐，别人得到帮助却未必快乐。每个人的内心感受都不一样，对于你的出手相助，在被帮助者看来，也可能会觉得不一定是真心的。自尊心强的人会认为是同情与可怜；有权势的人会以为是想要利用他；陌生人会认为你一定有什么目的……

助人为乐也要讲究艺术，怎样消除别人的戒备心理，怎样才能让别人不把自己的好心当成“驴肝肺”，都是要好好研究的。在帮助别人的时候，要做一个有心人，这样才能减少双方之间不必要的误会。

### 助人遭拒为哪般

无论是谁，在人生的旅途中，都难免会遇到别人需要帮助的时候。举手之劳的事情，完全在自己的能力范围之内，伸手扶人一把，不但自己会感觉快乐，而且也会给人留下好口碑。但有些人的内心是不愿意接受别人帮助的。

对于某些被帮助者来说，可能会认为帮助自己的人会带有不纯的动机，想得过于复杂。所以造成的局面就是被帮助者往往不愿意接受帮助，施以援手者也常常会碰一鼻子灰，双方都不快乐。

小刘在一家污水处理厂做保洁员，家庭条件不好。有一次，厂里要了解员工的家庭实际情况，有一个员工向领导反映了保洁员小刘的现状，厂里的领导知道后确实想帮她一把。过了几天，厂里召开全体员工大会，大会快结束时，小刘被叫到台上，这时领导发话了：“厂里领导想让每一位员工都生活得开心……小刘在咱们厂里也是老员工了，厂里考虑到她家的情况，决定给她一点救济款。”

厂里早已把记者请来了，记者看到小刘，让小刘陈述自己的家庭情况，还要说出自己的感受。当时小刘心里就有一种说不出的难受，她真想跑下台，辞职走人。她感觉，厂领导这样做太过分了，是在侮辱自己的人格。活动结束后，小刘找到领导，把厂里给她的钱一分不少地退还给了厂里，辞职离开了自己工作了三年的工厂。

厂里的领导想要帮助小刘是好事，但方式方法不对，厂领导觉得这是一种对弱者的帮助，也是慈善事业。但是厂领导不应该做好事生怕别人不知道，非得敲锣打鼓，通告天下。厂领导应该私下里给小刘帮助，不应该当着全厂员工的面给小刘钱，让她感觉自己没有自尊。领导者是露脸了，但是受帮助的人也许是个自尊心强的人，在这样的人眼里，也许那是“家丑”。中国人认为“家丑不可外扬”，而你大张旗鼓地把一切关于他的隐私公诸于世，被帮助者会感觉是践踏了他的尊严。

每一个人都是有自尊的，弱势群体更是如此，他们需要像正常人一样受人尊重，他们需要获得和那些独立、有能力的人一样的尊重。但现实生活中那些受助者，有些人忽略了受助者的心理需求。所以，善良的人们，请给予受助者必要的尊重、理解，学会默默地奉献，为受助者保留一点自尊。

有时助者会认为接受别人帮助就是向别人示弱的一种表现，表明自己只能是个弱者，所以在接受别人帮助的时候内心会有一番挣扎。助人为乐本是一件快乐的事情，但是如果涉及人们的心理问题，就会变得很复杂，有些人也认为纯粹的助人为乐是不存在的，都是带有目的性的。施助者也会很痛苦，明明是一件很简单的事情，为何做起来会比乱麻还乱，长此以往，助人为乐的热情也就淡了。

## 助人有道

为了防止别人对自己伸出的援手产生误会，要懂得如何施助才能实现快乐最大化。在帮助别人的时候，根据受助者的状态及客观状况合理分析后，再采取合理的手段让受助者接受帮助。

**（1）等待**

看到别人需要帮助的时候，不要马上就伸出手，一定要等那人先开口，任何时候都给自己留有余地。这样寻求帮助的人，不仅不会带有敌意，还会心存感激。如果自己过度热情，反而会让自己陷入困境。而且别人也会认为你是另有企图，这就是为什么人们不愿意轻易接受别人帮助的原因。

**（2）低调**

帮助别人虽说是一件好事，但也不用处处宣扬。更多的时候，宣扬自己反而会达到相反的效果。因为受助者会认为自己是弱者，自尊心受到打击，感觉没有面子。何不低调点，在别人没有察觉的情况下，默默地帮助他，即使没有一句道谢的话，自己也会窃喜。而且受助者也会在不知不觉的帮助中，逐渐接受别人的好意。

**（3）幽默**

人们都喜欢说话幽默风趣的人，帮助别人的时候面对别人对自己的质疑，不妨自己先幽默一点，开个无伤大雅的小玩笑，化解尴尬的气氛。可以说“我看起来像坏人吗”“天下兄弟一家亲，一点小忙不足挂齿”。幽默对于被帮助者来说是一剂良药，往往是交流的催化剂。

**（4）真诚**

帮助别人，不是为了从别人身上获取什么，首先要让被帮助者清楚这一点。微笑是沟通的开始，先给被帮助者一个微笑，使其放下防备心理。人与人交往最忌讳的就是戴着虚伪的面具入场，想要向别人伸出援手，就要摘下面具，换上真诚的笑容。

人总有需要帮助的时候，也有被人需要的时候。帮助别人是一件快乐而单纯的事情，但是如果自己帮得不恰当，不仅会令对方不开心，还容易打击自己的积极性。助人为乐要讲究艺术，帮人也要讲究技巧。

# 让对头成为朋友

## ——有礼有节，才能和睦美好

俗话说：“多个朋友多条路”。中国人也深知“山不转水转”的道理。一方面力求不得罪人，另一方面则广结善缘，以方便办事。有礼有节，才能共携美好。

### 即使对头见面也要握手

聚沙成塔，集腋成裘。每个人的力量总是有限的，如果能够与竞争对手精诚合作，则会弥补各自的不足，借“对手”之力，以达到“双赢”的目的。

如果一个人想不断地扩充自己的实力，应当目光远大一些。不是冤家不聚头。如果恰巧碰上的正是自己最不想面对的对头时，你是否还能够放下心中的芥蒂去与对手成为朋友呢？

罗伯特是加州一个水泥厂的老板，由于在经营管理上重合同守信用，所以他的生意一直都做得很火爆。但是，另一位水泥商——特莱也进入了加州进行销售。特莱在罗伯特的经销区内定期去走访建筑师以及承包商，并且告诉他们，罗伯特公司的水泥质量很不好，公司也是不可靠的，它正面临着倒闭的危机。罗伯特在得知此事后，认为特莱这样四处造谣中伤他的公司，并不能起到严重伤害他的生意的目的。但是遇到这样一个没有道德的竞争对手让他感到非常恼火。

在一个礼拜天的清晨，罗伯特听到牧师讲：“要施恩给那些故意与你为难的人。”然而就在那天，特莱那个家伙就使他失去了一份5万吨水泥的订单。但是牧师却让自己以德报怨，与冤家做朋友。第二天，罗伯特偶然发现纽约的一位客户，新盖的一幢办公大楼需要大量的水泥。他所需要的水泥型号不是自己公司生产的，而是与特莱生产出售的水泥型号相同。但是特莱并不知道有这笔生意。罗伯特开始想：“我做不成你也别做！”因为商业竞争本来就是残酷的。

但是，后来罗伯特的做法却是出人意料的。他想起了牧师的话，于是便拨通了特莱办公室的电话。罗伯特在电话这端都可以想象到特莱拿起话筒那一瞬间的惊愕与尴尬。

“他难堪得几乎说不出一句话来，我却很有礼貌地告诉他关于纽约那笔生意的事情。”罗伯特说，“有阵子特莱结结巴巴地说不出话来，但是很明显，他是发自内心地感激我的帮助的。同时我也答应他打电话给那位客户，推荐由他来提供水泥。”

最后的结果是：特莱不但停止了所有中伤罗伯特的谣言，而且同样把很多他无法处理的生意也交由罗伯特来做。他们从冤家成为朋友，而加州所有的水泥生意已被他们两个完全垄断了。

在商业竞争中，如果一个老板总是将自己的时间和精力浪费在如何向别人报复的过程中，那么他自己只能与成功失之交臂。罗伯特正是懂得了这一点，才豁达地包容了特莱恶意中伤的行为，在他们从对头成为朋友的同时，也为自己的事业创造了共赢局面。

在商界这样的人际关系中，每个人的目的都是要让自己的公司不断地发展壮大，实力不断增强。商场如战场，有些商家会因为利益产生冲突，两败俱伤。把冤家变成朋友，这是一种仁慈的计谋，最后获益的也同样会是自己。

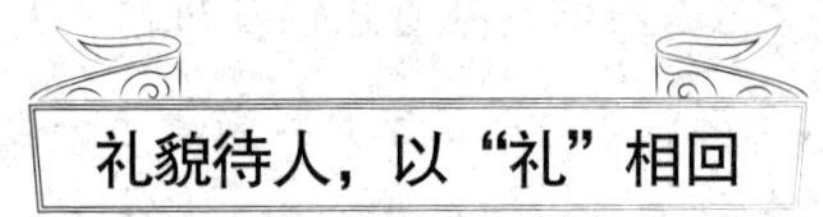

## 礼貌待人，以“礼”相回

在与他人相处时，要根据不同的人采取不同的对待方法。在尊重他人的同时，也要宽容有礼地对待他人，只有对他人礼貌，他人才会礼貌地对待你。学会换位思考的处世方法，以谦逊礼貌的社交方式和他人交往，就能很轻松地为自己在人际交往活动中赢得良好的社交成绩。

喜怒哀乐是每一个人都拥有的情绪，在与他人相处时，不要因为自己情绪恶劣就对他人大喊大吼。如果你这样做了，不仅不能安慰自己，还会招来他人的反感，保持心平气和的态度是为人处世的重要原则。

张良是汉高祖手下的第一谋士，为刘邦建立汉朝立下了汗马功劳。他原是韩国的公子，后因行刺秦始皇的行动失败被悬赏通缉，为了逃避追捕又隐姓埋名改名为张良，藏匿于下邳（今江苏睢宁北），静待局势变化。

一天，张良闲步沂水圯桥头，遇一穿着粗布短袍的老人。这个老翁走到张良的身边时，故意把鞋脱落桥下，然后傲慢地对张良道：“小子，下去给我捡鞋!”张良愕然，但还是强忍心中的怒气，违心地替老人取了上来。随后，老人又跷起脚来，命张良给他穿上。此时的张良真想挥拳揍他，但因他已久历人间沧桑，饱经漂泊生活的种种磨难，因而强压怒火，膝跪于前，小心翼翼地帮老人穿好鞋。老人非但不谢，反而仰面长笑而去。张良呆视良久，只见那老人走出里许，又返回桥上，对张良赞叹道：“孺子可教也。”并约张良五日后的凌晨再到桥头相会。张良不知何意，但还是恭敬地跪地应诺。

五天后，鸡鸣时分，张良急匆匆地赶到桥上。谁知老人已在桥上等候多时，见张良来到，愤愤地斥责道：“与老人约，为何误时？五日后再来!”说罢离去。结果第二次张良黎明便到，却再次晚老人一步。第三次，张良索性从半夜就到桥上等候。天蒙蒙亮时，他看到老人一步一挪地走上桥来，赶忙上前搀扶。老人对张良这次的表现很满意，他拿出一部书交给张良说：“读此书则可为王者师，十年后天下大乱，你可用此书兴邦立国；十三年后再来见我。”说罢，老人扬长而去。

张良惊喜异常，捧书一看，乃《太公兵法》。从此，张良日夜研习兵书，终于成为一个深明韬略、足智多谋的“智囊”。

故事中的张良面对老人的无理取闹时，尽管很气愤，但他还是谨遵“尊老爱幼”的处世原则，不仅赢得了老人的赞誉，还得到了老人的帮助，终成世人称颂的一代谋臣。

礼貌待人、使用礼貌用语一直是中华民族的优良传统，人们用以礼待人的方法在人与人之间建立起沟通、理解的桥梁。当人们都学会用心去欣赏、赞美和尊重他人时，就会发现他人也会用以礼相回。以礼待人可以显示出一个人的气度和修养，如果人人都能做到以礼待人，那么这个世界的所有人就不难和谐相处了。

# 僵持还是退让
## ——假“糊涂”，真智慧

每个人都希望自己是聪明人，于是他们在不断地展现自己的聪明，殊不知，有时候“聪明反被聪明误”。清代“扬州八怪”之一的郑板桥提出了“难得糊涂”的处世哲学，就是提倡在交际中不要太过计较，小事“装糊涂”，适时退一步，这样才能够为大家所拥护。

### 会装糊涂才是真聪明

人们都喜欢和“老实人”做朋友。如果一个人表现得太过精明，什么事都较真，那么便会使其他人不愿意与其交往。古语说：“水至清则无鱼，人至察则无徒。”一个人如果过分认真，未必是一件好事。在为人处世中，适时装装糊涂，反而使场面圆满，众人皆大欢喜。

在一家大酒店里，服务员看见一位外宾在用完餐后将一双制作精美的景泰蓝筷子放进了自己的提包，服务员将这件事告诉了值班经理。值班经理从柜子里取出了一个精美的小盒子说："这个盒子是专门用来装这种筷子的。"然后，说出了一个方法。

只见这位服务员从容地走到那名外宾身边，礼貌地用流利的英语说："先生，在您用餐的时候，我们发现您对我国的景泰蓝筷子特别感兴趣，非常感谢您赏识中国工艺品。为了表达我们的感激之情，经过值班经理批准，我代表酒店，将一双制作精美并且经过严格消毒的景泰蓝筷子送给你，这是装筷子的盒子，请您收下。并且我们将按照酒店的规定，以'优惠价格'记在您的账上，您看可以吗？"

外宾听了这番有礼貌的话，当然明白了其中的弦外之音，在表达了谢意后说："真是不好意思，我刚才多喝了几杯，头脑有点发晕，居然将筷子放进包里去了。"外宾也趁机下了台阶。"没有关系，先生，我们知道您确实喜欢，但是根据酒店的规则，筷子应该经过严格的消毒和包装以后，才能送到朋友手中。"服务员诚恳地说。"既然是这样，那么，我就以旧换新嘛。"外宾顺势从包里取出了筷子放在餐桌上，大家同时笑了起来，好像是在做一次平常的交谈，根本没有发生什么不愉快的事情。随后，外宾愉快地接过了服务员递过来的盒子，不失风度地向付款处走去。

如果服务员直接要回，必然会使外宾十分尴尬，甚至为了维护自己的面子死不承认，这样双方可能都会僵持不下，最终闹得不欢而散。服务员采取旁敲侧击的方法，客人通常都能够心领神会，借机了事而又不失面子。这就是"装糊涂"的大智慧，既巧妙地化解了一场争执，又使酒店不至于蒙受损失。

所以，有时候“装糊涂”才是真聪明，更是一种做人之道。“糊涂”，可谓是维护人际关系的润滑剂，它可以在笑声中将尴尬场境化解于无形。

## 遇事时学会退一步

在人与人的相处中，难免会有不如意的时候，是选择退让，还是继续斤斤计较呢？更多的时候，每个人都会为自己据理力争，最终只能使得矛盾不断地升级，不断地激化。其实，遇事不妨学会退一步，俗话说“退一步海阔天空”，能够做到宽容，不斤斤计较，才能为众人所欢迎和尊重。

两家相邻一墙，几十年如一日，关系密切。后来，就为一堵墙的权属问题，两家发生摩擦，张家说李家占了便宜，李家说张家得了好处。虽然请人进行调解，终因利益问题而难以解决。直到有一次，李家小孩的球踢到张家的天台，正巧落到张家小孩头上，一场充满火药味的战斗爆发了。一来二往，拳脚相加，一个残废，一个破相。一个吃了官司，一个赔了金钱，双方追悔莫及。

张李两家，就是在小事上没有把握好，没有及时地调解纠纷，造成紧张局面，终于酿成大祸。试想，当时张李两家各退一步，都各自为邻家想一想，也许这一切都能避免。但问题就在于两家都不顾后果，各自都向前了一步。

要想有良好的人际关系，就要学会适时地为对方让步。我们常常年到为了一些鸡毛蒜皮的小事，两个原本要好的朋友闹得剑拔弩张反复争吵，何时才是尽头啊？倒不如各自退一步。

人与人相处时，退一步尤为重要。它事关彼此的理解、尊重、宽容等问题。如果因为一件小事双方都僵持不下，对谁都没有好处，倒不如自己先退一步，这样不仅解决了当下的问题，还赢得个宽容大度的好名声，何乐而不为呢？

真正聪明的人，不会一味地争强好胜，在必要的时候，宁愿后退一步，避其锋芒，这样不仅能为对方所尊重，还能为旁观者所尊重。懂得适时退一步的人，才能赢得好人缘。

# 好话百听不厌
## ——善言胜于恶语

社会是由一个庞大的人际关系网连接起来的，每个人都身处复杂的环境之中，于是语言成了人际沟通最基本的工具。在交际的时候，并不是自己说的每句话别人都爱听，好话百听不厌，坏话惹人讨厌。每个人都喜欢听到好话，但是说好话并不是件容易的事情，它需要很高的察言观色能力，洞悉别人心理的能力。与人交往的时候，多说一些好话，会起到意想不到的效果。

### 好话的魅力

好话在生活和工作中无处不在，喜欢听好话似乎是人的天性使然，究竟好话有什么样的魅力，能让人人都喜欢听？当被他人赞美或者仰慕的时候，自豪感和荣誉感就会油然而生，人们便会感到愉悦和骄傲，对说话者产生一种亲切的感觉，这时就会拉近彼此之间的距离，自然就为沟通创造了必要的条件。尤其是自己需要帮助或者是向别人推销产品的时候，好话是必说无疑的。

美国的化妆品大王玫琳凯·艾施在最初创业的时候，是靠上门推销化妆品打开局面的。一次，她敲开一户人家的房门，但女主人非常客气地拒绝了她："对不起，我现在没有钱，等我有钱了再买，可以吗？"

细心的玫琳凯·艾施看到女主人怀里抱着一条名贵的狗，知道"没有钱买"只是她的一句托词。于是，她微笑着说："你这小狗真可爱，一看就知道是很名贵的狗。"

"没错呀！"女主人说。

"那您一定在这个狗宝宝身上花了不少的钱和精力吧?"

"对呀，对呀。"女主人开始很高兴地为玫琳凯·艾施介绍她为这条狗所花费的钱和精力。

玫琳凯·艾施非常专心地听着女主人的介绍，在一个非常适当的时机插话了："那是肯定的。能够为名贵的狗花费足够的钱和精力的人一定不是普通阶层。就像这些化妆品，价格比较高，所以也不是一般人可以使用得上的，只有那些高收入、高档次的女士才享用得起。"女主人听后很高兴，随即就买下了一套化妆品。

这就是为什么有些人受欢迎，有些人却遭受白眼的原因。好话的魅力就在于使听者感到很舒服，自然而然就会与你变得亲近。

人际交往中的好话，几秒钟之内就能让别人对你感兴趣；当你向别人求助时说好话，没有人会粗暴地拒绝你；主动对别人说好话，能够掌握主动权，可以进行更有效的交流；巧妙地说好话，能够体现你的智慧，轻松化解沟通的尴尬场面。“好话”是人际关系的润滑剂，多说好话，赞美别人，会使自己在人生的道路上走得更加顺畅！

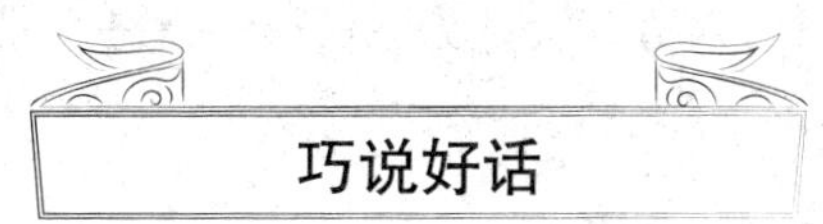

## 巧说好话

所谓的“说好话”，并不是用自己的“三寸不烂之舌”极尽恭维之事，而是要学会审时度势，方圆有度，不让别人感到虚假。即话要巧说。

**在背后说别人的好话。**

在背后说一个人的好话会让人觉得你很真诚，说的好话都是真心的。有些好话当面说，有些人会认为你是在“拍马屁”，当面说和背后说取得的效果就是不一样。利用第三者之口，传到对方的耳朵里，真实感会更强。在背后说别人的好话，会被认为是发自内心诚恳的赞美之言，不带有任何私人动机。比如看到同事买了新衣服，就跟别人说她穿上这件衣服真是漂亮，传到这位同事的耳朵里，即使她装作什么都不知道，对你的态度也会有很大的变化。

**注意火候，察言观色。**

俗话说“言多必失”，好话也不例外。当面说别人好话的时候要注意火候，懂得察言观色，切不可毫无根据地乱说。说得太多，会让人觉得你很虚伪，没有一句实话，表面上看对你还是乐乐呵呵，但是之后可能就不会再与你接触了。谁会愿意与一个只会说大话的人交往呢？所以，说好话的时候，要说出对方身上真实存在的闪光点。

好话可以引起两个人的交谈欲望，但是在交谈的过程中，不要一直都是自己在说。要尝试着问对方一些感兴趣的话题，比如看到一位非常漂亮的女士，你可以问：“你妆化得真漂亮，有没有什么秘诀呢？”往往用一句恭维的问句，就会打开对方的话题。在对方讲述的过程中，学会倾听，对方就会认为你所说的话是真实的，对你的好感和信任度都会大增。

**幽默好话化解尴尬氛围。**

总有那样一种人，他们不喜欢接受别人的好话，即使你说的是真的，他们也只是笑笑，或者搪塞你一句。这种人往往会使别人不知所措，所以在得不到回应的时候，何不用幽默风趣的好话来化解尴尬的气氛呢?

人与人交往时，免不了要说一些好话，每个人都渴望听到好话，渴望被别人认可与尊敬。但并不是所有的好话都能说，说出去的话就像是泼出去的水，所以想要说好话的时候，先动动脑筋，以使自己的好话令人百听不厌。

第二章

# 低调做人，高调做事

在工作和生活中，人们有时会隐藏自己内心的想法，同时也在不断猜测判断别人的想法，在剖析他人的同时也在为自己寻找恰当的机遇。若以君子之心度人，本着“低调做人，高调做事”的原则与人交心，其实做人做事并不累。

# 1 不要触碰他人的隐私

在如今这个越来越重视个人空间的时代，办公室却成了一个最没隐私的地带。就算你打定主意不听、不问别人的隐私，又怎能保证自己的行为、言语能绕过“雷区”呢？说不定，你左躲右闪还是不小心碰触到某人的隐私，得罪了人自己还不知道；又或者你自己的隐私防护体系也不缜密，严守多年的隐私，偶一疏忽，竟成了“人人皆知的秘密”。

## 传播隐私惹人嫌

宋丽、何云和向菲在同一办公室，公司正准备从这三人中提拔一个，接替即将退休的老主任。宋丽与上层领导关系不错，上层领导已经漏出口风，准备由宋丽接任。但此时公司却传出宋丽好像存在男女关系问题，经过调查，发现此消息最初是由向菲对外散布的。事情的结果是何云接替老主任，上层领导对向菲不满意，借故将其调到一个效益较差的部门去了。

向菲的工作能力是大家都认可的，但因为没有“关系”，眼看就要与升职无缘，她心里不甘，于是才想到传播宋丽的隐私。可她万万没想到结果会是这样。宋丽被撤职了，向菲也被调离，反而让何云得了机会。

好奇是人的天性，但有时候好奇心无意中会成为制造矛盾的根源。大家在一起谈论其他同事，将议论传播出去，就是制造同事之间的矛盾，使办公室人人自危。

出于好奇心的驱使，人对于获悉的秘密总是很难忘记。如果是在偶然的机会获知秘密，就要装作不知道这件事情，不要使事主怀疑到你的头上。要尽量避免加入谈论他人隐私的行列，不要凡事都爱凑热闹。没有酒量的人更要注意饮酒要适量，避免酒后失言。

有位长舌妇向牧师承认说过许多人的闲话，她不知道还有没有办法弥补。牧师并没有对她说教，只是给她一个枕头，让她到教堂的钟楼上，把枕头里的羽毛撒到空中去。她照着做了。牧师说：“好吧，现在再把每一根羽毛收集起来，放回枕头里去。”这位妇人为难地说：“牧师，那是办不到的！”牧师非常严正地说：“同样，要追回所说的每一句闲话，那就更难办到了。”

在日常生活中，有的人喜欢把自己的烦心事告诉别人。有时，有人把你当做真心的朋友对你倾诉衷肠，于是你获得了同事的隐私，但切记千万不可得意，因为在无形之中你已经增加了一份担子，担了一份责任。不管有意还是无心，若同事的隐私从你口中暴露，既会使同事难堪，又会使你的信誉大打折扣。

如果你是一个爱在职场中传播别人隐私的人，那么你就是同事们都厌恶的对象，不但会对你的工作造成很大影响，还会使你在工作单位里颜面扫地。被传播隐私者会对你恨之入骨，你与他的友情会戛然而止，甚至还会成为死对头。与此同时，办公室里的其他同事会对你另眼相看，永远与你保持着距离。

## 不和同事谈隐私

对于跟同事谈隐私方面，周艳是吃过亏的。那个同事和周艳是工作上的搭档，二人关系很好，因此当周艳得知自己怀孕时，最先想到分享喜讯的人就是她。

当周艳怀孕一个多月时，所在的公司因管理不善倒闭了，周艳和同事都要重新找工作。周艳从报上看到一家大公司在招人，便约了同事一同去面试。当时负责招聘的部门主管听说她们是旧同事时，还用奇怪的眼光看了她们一眼。第二天，周艳就接到了那个主管的电话，要她去上班，她高兴地将这个好消息告诉了同事。

可是，等周艳报到时，主管问她："你是不是已经怀孕了？"周艳一愣：主管怎是么知道的？主管说："与你一同来面试的女孩子刚打电话来说的。如果我不知道这事也就罢了，但现在我知道了，就只能向你说声抱歉，我不希望员工进来不到一年半载就要休产假。"周艳这才明白是同事在背后使坏，心里说不清是愤怒还是悲哀。那位主管语重心长地说："我当时就奇怪你们俩怎么同时来应聘，要知道这是竞争啊！她这种人，我们是不会录用的。你如果生完小孩后还想来，可以再找我。"

每个人都有自己的隐私，既然是隐私，就应该是属于个人的秘密。在职场中，尽量不要把自己的秘密告诉同事，稍不注意，就会影响你自己的前程！不要以为这是危言耸听，"隐私"本身就是一个相对而言的概念，一件在某个环境中无伤大雅的小事，换一个环境则有可能非常敏感。身处职场，你的年龄、家世、学历、经历、爱情、婚姻状况等，有时也属于隐私，不要逢人便说。

总而言之，最好不要在公司范围内谈论私生活，也不要随便对同事谈论自己的过去和隐秘思想，更不要传播别人的隐私。一定要记住，隐私是一颗随时可能爆炸的"地雷"，千万不要去踩！

# 和职场中人保持“安全距离”

在现代职场中，竞争日趋激烈。身为职场人，一定要有一双“火眼金睛”，识别那些想利用你的人。

## 职场如战场

有这样一个女人，她的经历曲折动人，甚至就像电影里的情节一样，波折起伏。比如，苍凉的身世，婉约而凄美的爱情故事；她总是自称和你的经历很“相似”。你每说一件事她都会应和，常常给你营造一种“同是天涯沦落人”的感觉；她总要处处与你保持一致，比如，本来你们从外在到内在都有着显而易见的差异，但她总是殷勤地说：“咱们相似得就像两姐妹啊！”口头禅是：“你跟我一样……”；她对你总是超乎寻常地热情，总喜欢给你一些小好处。当你遭遇困难时，她会主动承诺帮助，不过从来都是“空头支票”；她没来由地拉拢你、依赖你，甚至为你安排一些活动，喜欢说“咱们一起去……”表面上看很热心，但事实上，假如你真的成功了，她又会想方设法排挤你！

职场如战场，职业人对自己身边亲近的“陌生人”不可不保持一定距离。

王晶最近郁郁寡欢，她怎么都不能接受自己的同事兼死党赵娜会是自己的竞争对手。赵娜是一个离了婚的女人，她刚到公司的时候，对这个行业没什么经验。作为部门主管的王晶自然成了她的入行老师。那个时候的赵娜很会讨好人，左一个“王姐”、右一个“王姐”地叫。

王晶是个较为感性的上司，对他人的好意从来不懂得拒绝，比如赵娜会常给王晶一岁的儿子买一些小礼物，王晶则经常手把手地教赵娜一些经验。两年后，赵娜就辞职到另一家公司，而这次跳槽所去的公司是王晶公司最大的竞争对手。赵娜抛出了王晶曾经对她透露过的一些原公司的计划，让王晶处于相当被动的局面。

事实上，在职场中，最忌讳的就是同事跟朋友的角色混为一体，工作跟生活混为一谈。因为朋友的状态很可能会打扰工作的状态，原本工作中应该客观、公正、明朗，但因为掺杂了朋友成分，人就可能变得缺乏公正，变得主观和情绪化。因此，职业中人要想在自己的岗位上有所作为，就一定要保持清醒的头脑，和同事保持纯粹一些的工作关系。

## 同事相处须谨慎

吴倩在一家金融机构工作，是办公室中公认的乐于助人之人。有时候同事委托她帮忙，她总能够毫无差错地完成。有一次，吴倩和另一位同事到外地出差，同事有些水土不服，就求她帮忙做一下单子，她想都没想就答应了。

吴倩发现有一张单子的数目可能有问题，就问同事是不是要核查，同事毫不在意地说“没问题”。两周后，经理找吴倩谈话，大意是公司因为吴倩做的错误单子而产生了经济损失，要她自动辞职。吴倩很清楚，这是同事犯的错，她找了同事在经理面前对质，没想到同事竟然说她从没有经手这张单子。因为单子上签着吴倩的大名，同事又不承认这张单子是委托吴倩做的，吴倩只得背了这个黑锅，递交了辞职信。

在工作中，平时大家可能和睦相处，亲如一家人，可是一旦面临晋升、加薪、裁员等利益问题时，合作关系很可能就会变成竞争关系。如果你还天真地认为“你好、我好、大家好”，很可能就会吃暗亏。

刘薇是通过老公杨俊推荐认识范芳的。范芳是杨俊的同事，两个女人起初很是投缘。尤其在得知范芳不如意的感情生活后，刘薇更是对她产生了同情心。她经常邀请范芳到家里做客，甚至在自己楼内为她找了一套房子，同时，刘薇还积极介绍自己认识的心理医生朋友给范芳，希望可以帮助她早日走出失败的感情生活。

但是这样交往三个月后，刘薇发觉杨俊的手机上屡屡收到范芳发来的信息，而且杨俊有一次向妻子透露，范芳想邀自己去一个海滨城市同游，最终他拒绝了。刘薇哑口无言，没想到自己的一片好心却换来这样的结果……

在现实中，一些女性会有这样错误的假设：我必须跟丈夫的朋友成为朋友。于是，刘薇没有对范芳产生防备之心，进而让范芳进入到自己的生活中，甚至还对自己的丈夫产生了感情。这就是一种危机的开始，感情的事情有时很难说得清，千万不要让泛滥无度的同情心破坏了你的生活。

# 越是“低调”的人，内心越有“丘壑”

有些人在众人面前总是喜欢安静地听着别人的意见，然后点头、微笑，很少说出自己的看法，我们称这种行为为“低调”。“低调”有时是一种谦虚谨慎的态度，而有时是为了隐藏自己的能力。一个可以做到心中沟壑万千，却从不显山露水的人在低调背后，很可能隐藏着大智慧。

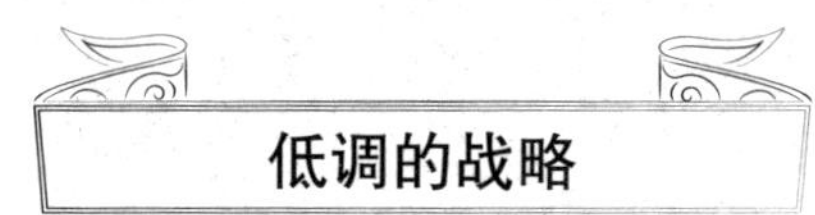

## 低调的战略

低调不仅是一种能够使你尝试真实生活的人生格调，也是一种战术，是可以实现自身目标的一种手段。在人前表现得低调的人有丰富的阅历，也会把自己伪装起来。而没有一定的思想基础，“妄谈”低调则是奢谈。在当今社会，“低调”似乎看起来是不可行的，就好像它是与这个追求“张扬”的社会背道而驰的。其实这种看法是很片面的，事实上，即使在流行“唱高调”的环境下，“低调”仍然是很多人走向成功的不二法门。

克罗克是麦克唐纳快餐馆的董事长。在他还没读完中学时就靠打工来维持生计。后来，他当上了一家工厂的推销员。在他推销产品的过程中也结交了许多朋友，同时也积累了大量有关经营管理方面的宝贵经验。后来，他决定创办一家属于自己的公司。

在通过几日的市场调查以后，克罗克发现了一个问题：美国的餐饮业已经远远不能满足时代不断变化的要求了，并且亟须改革。但是，克罗克面临着一个让所有人都头疼的问题——启动资金。资金问题无法解决，那么想要开办餐馆基本上就是妄想。最后，他想起了正在开餐馆的麦克唐纳兄弟，如果自己能够去他们的餐馆中学习，那么就有可能实现自己的理想了。于是，克罗克就找到了麦克唐纳兄弟，对他们讲述了自己目前的窘境，并且恳请能让他留在餐馆工作。克罗克又主动提出了可以在当店员期间兼做着原来的推销工作，同时也愿意把推销收入中的5%让利给老板。

他工作得异常勤奋，任劳任怨，总是起早贪黑地忙碌着；他还曾多次向麦克唐纳兄弟建议改善营业环境，并且提出了轻便包装、配制份饭、送饭上门等一系列经营模式，同时克罗克还大力改善食品卫生，并且对餐馆服务人员的工作做了更全面、周到的安排。

克罗克终于等到成熟的时机，他先筹集到了一大笔贷款，然后跟麦克唐纳兄弟摊牌。起初，克罗克提出的条件较为苛刻，对方坚决地反对了。在他稍作让步后，最后还是用270万美元的现金收购了麦克唐纳餐馆，开始由他自己独立经营，这在当地引起了巨大轰动。

在克罗克入主餐馆后，在经营管理方面比以前要更加出色，所以餐馆很快便以崭新的面貌享誉全美国。又经过了20多年的苦心经营，这家餐馆以总资产42亿美元跻身于国际十大知名餐馆。

从这里就可以看出，其实克罗克就是使用了低调的战术而取得成功的，他仅用推销让利5%的代价就轻易地打入了麦克唐纳快餐馆；随后通过较长时间的潜移默化交往，取得了兄弟俩的信任，使兄弟俩都认为他所做的一切都是处处为餐馆着想的，同时也认为双方的利益是一致的，便自动消除了对他的猜忌，并且还很愉快地接受了他的各种建议。克罗克就是这样经过一步步渗透，终于在老板已经“名存实亡”的时候，他走出了收购的最后一步棋，用一笔交易吃下了整个麦克唐纳快餐馆。

低调的人往往是善于使用谋略的，这种人几乎把自己隐藏得滴水不漏，默默地一步一步筹划着，一旦时机成熟，便一鸣惊人了！

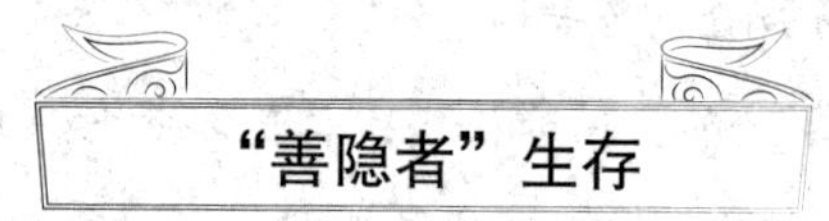

## “善隐者”生存

面对社会，我们每走一步都可能会遇到很多困难与挫折。低调做人，堪称是人生的必修课。懂得低调的人无论是从政还是从商，都可以做到进可攻、退可守。低调看似平淡，实则是高深莫测的处世谋略。这种甘为愚钝并且甘当弱者的低调为人处世之道，实际上就是一种精明的隐蔽方法，把自己的真实意图隐藏起来。它同样也可以鼓励人们不求争先、不露真相，让自己明明白白地过一生。我们也可把“低调”视为一种养晦韬光之术，遇事还可以装作若无其事、不置可否的样子，也不表明态度，其实是一直在静待时机，伺机而动，突然把自己的过人之处展现出来，打对手一个措手不及。

所以，如果一定要与那种看似高深莫测并且把自己掩饰得很好的人打交道，就要有足够的耐性。在适者生存的社会，“低调”永远都是一种高超的谋略。有城府的人都懂得如何低调掩饰自己，这同样是无可厚非的。

# 4 距离适当，交情刚好

人与人根据交情深浅，保持适当的距离，可以使对方不至于有压迫感，也可以让对方有受尊重的感觉。每个人都需要自我空间，在与人的交往中，应该把握分寸。切记：亲密，并非无间；美好，需要距离。

## 适当的距离产生美

每个人都会有自己的隐私，不管两人的交情有多好，也应给彼此留一片心理空间。

每一个人都不可能是完美的，两个人相处久了都会发现对方的缺点，如果不懂得包容和忍让，那么最终将会破坏彼此的关系。而保持适当的距离，可以让彼此有好的印象，增进彼此的感情。

人与人之间，保持适当的距离是非常必要的，它能给人以美的享受。就如同你站在远处看风景时，可能觉得风景很美，一旦真的置身于风景中，却感觉不到它的特别之处了。

## 和朋友保持适当的距离

大家用来形容一对很要好的朋友时，都喜欢用“亲密无间”或“形影不离”这两个词，其实做朋友真的到了这种程度，往往会适得其反。因为每一个人都是独立的个体，如果两个人太过亲密，便没有了自由的空间。时间长了，一定会起这样或那样的小摩擦。要想保持长久的友谊，两人之间保持适当的距离是很重要的。当然，不同程度的朋友，其距离大小可以有区别，但是你也不可以太过接近。

晓晓是露露大学的校友，比露露早两年进公司，因为部门里就她们两个年轻人，二人又是校友，晓晓一直很照顾露露。平常有项目她经常带露露一起做，让露露积累经验。

仅三年，露露就做到了经理助理的职位，成了部门里升职最快的新人。就在露露庆幸自己运气好、遇到这样一个肯提携新人的师姐时，露露却收到了晓晓送到的意外之“礼”。

那次露露和晓晓共同负责筹办一个美国客户在北京的产品发布会。因为事前对客户提供的新产品资料加以详细了解，露露提出的方案被美方客户赞赏并被采纳。露露虽然隐隐感觉到晓晓的尴尬与不悦，但还是安慰自己：“师姐是个好人，她应该能理解。”

当晚，就发布会的细节问题她们又和客户谈了很久。因时间紧迫，客户要求露露连夜随他们去酒店布置会场。当听到自己不在布置会场人员之列，晓晓的脸色当时就变了。

不过到底是多年的“好姐妹”，在发现露露手机没电四处借电话通知男友时，她又恢复了当大姐姐的姿态，主动说：“快去吧，你男朋友那里我帮你通知吧。”甚至在露露临走前，她还满脸堆笑、体贴地让露露多加件衣服再出去。

天真的露露着实为有这样一个情深义重的“好姐妹”感动了一番，直到男朋友发疯般气急败坏地冲进酒店将大骂一通时，露露才明白那笑容背后的含义。

原来在露露走后，晓晓打电话给露露的男朋友，故意问：“露露去你那里了吗？我们都很担心她啊！听同事们说她晚上跟一个美国客户进了酒店，怎么直到现在她还没有回来呀？”

人们都说最亲近的关系总是最脆弱的。两个人长时间不分你我地相处，势必会有许多“秘密”让对方知道，也许这些秘密是你不愿意让任何人知道的，但是你的好朋友知道了。那时，你最担心的事也许就是他把你的秘密泄露出去。这时，你们的关系就会变得微妙起来了，不再像当初那样坦诚相待了。人一旦有了自己的小心思，友谊便不再会像最初那般纯洁。也许，你们的关系将慢慢僵化，甚至最后各自疏远。与其如此，当初为什么不彼此保持着适当的距离呢？

朋友之间相处得关系密切是好事，但每个人都有自己喜欢的生活方式，如果任何事都不分你我的话，势必会使友谊陷入尴尬的境地。为各自留点自由的空间，你们可以选择约一个时间彼此聚一聚，然后分享多日不见激动的心情。朋友之间保持适当的距离，才能保证友谊天长地久。

# 是“死党”，还是“隐患”

每个老板都希望有很多这样的人才：他们能力超强，可堪大用；他们忠于职守，可托重任。他们是老板的臂膀、耳目，他们是老板的“心腹”。然而，“心腹”也有两面性，它所带来的负面影响有时远远超过其积极作用。千万不要以为你成了领导的“心腹”之后就万事大吉了，因为你也有可能成为领导心目中的“心腹大患”！

## 别让朋友成为老板

在现实生活中，有人会遇到这种情况：朋友的公司正好缺人，请你去做他的下属。这种情况通常被认为是再正常不过的，但结果往往是既丢了工作，又丢了友情。或许很少有人意识到，友情的特殊性在于它比爱情更需要维系，比亲情更易碎。在所有的情感中，友情恐怕是最为纯粹的自然关系，它来之不易，但也最容易失去。要知道，朋友之间通常是平等相待、坦诚相见的，任何涉及利益的事情均出于自愿，要礼尚往来。

可是这种关系一旦升级为上下级关系，那么这种平等就被打破了，原本的关系自然失衡。老板与下属的角色已经超越了自然关系，而进入了职场，二者既有职位的高低之分，又各有不同的诉求，一个为效益，一个为薪水。身处不同的利益格局，决定了你们自此再也不可能对对方完全坦诚。那么，一旦遭遇突发危险状况时，你们还能否携手作战？可以肯定的一点是，在遭遇一些矛盾时，互相“斗争”是不可避免的。

试想，面对这种情况，如果还想在工作之余保持朋友关系，那就太难了！任何人在社会中都同时拥有多种角色，但在相关的迥异角色中，转换自如基本是不可能的。事实上，人与人的关系保持得越单纯越好，任何的“杂质”添加，都会让“脆弱”的友情不堪重负。

退一步讲，在工作的八小时之中，你的老板朋友不知道会有多少次出言粗暴，这必将大大地伤害他作为朋友曾给你留下的温文尔雅的美好形象；你自己也难保不以老板朋友的身份自居，自我感觉比别的同事高了一级，这会招来同事们的反感自不必说，老板自己肯定也会责怪你没摆正自己的位置。久而久之，彼此的心就会感觉到受伤害，友情也便会一去不复返了。

因此，假如有一天，一位当老板的朋友请你加入他的公司，切记要冷却澎湃的热血，仔细考虑前景。假如他真处于危难之中，急需你“两肋插刀”，短期帮忙当然无法推脱，但除此种情况之外则不宜考虑。朋友之间往往不好意思谈钱，但工作是必须要有报酬的，该拿多少却又不易衡量。另外，职位、公司前景等问题，也会为你将来的发展埋下隐患！

所以，如果是一个聪明的老板，是很忌讳让朋友加入自己公司的。北京一位从事IT行业的CEO就曾坦承："如果朋友有困难，我可以毫不犹豫地给他经济上的帮助，在这方面，我从不算计，但一定不会让他加入我的公司。"深挚的友情，是需要真心和时间来培养的，一旦掺杂了工作关系便容易被破坏，在这位CEO看来，友情因此遭到破坏实在是很可惜。

而且，在实际工作中，作为老板，也不得不考虑其他员工的感受。能和朋友共事固然是好事，但对其工作业绩和能力定级，则很难完全排除个人感情因素。或者，就算你已经秉公处理，但还是容易引人猜疑。最后落个"任人唯亲"的恶名，引得其他员工在背后谈论，可能这也是任何一个老板不想看到的。

更有甚者，因为朋友加盟，离间了领导、员工及内部、外部的正常关系，造成人际关系复杂化就更不值了。另外，对于作为下属的朋友，必将成为其他员工"盯梢"的对象，想要处理好人际关系，尽快进入工作状态并做出业绩，可不是件轻松的事情，反而很有可能招致大家冷落。

## 别让老板成为朋友

在现实工作中，出色的老板通常采用的一定不是"大棒政策"，而是"怀柔政策"，或者能审慎地掌握好二者使用的比例。用渗透有个人情感的言辞来笼络员工不安的心，便是"怀柔政策"的招数之一。但是久而久之会让员工产生一种想法：和这个老板做个朋友也挺好的。但这里必须提醒你的是，在正常情况下，这种想法实在有点儿天真。

首先必须明白的是：任何一个上司对下属的关心与嘘寒问暖都不会脱离本质的工作目的，鼓励、夸奖以及种种暖人的话语，都是老板更有效地管理员工的方法。

事实上，和老板做朋友，也许会让你在工作或自身利益上得到一些好处，但必须时刻牢记，你只是在帮老板赚钱，若是偏离了这个轨道，所谓的“友情”将不复存在。

在现实生活中，也有不少人依靠自身的能力或者忠诚，最终成为老板的“心腹”。可是，与老板做朋友，在获得利益的同时，也很可能要付出惨重的代价。

如果你是老板的“心腹”，当然就要一切唯老板马首是瞻，站在老板的立场上看待并处理任何事情。这既要求你在工作中投入忘我的热情和精力，还要经常向老板汇报同事们的情况。老板与员工永远是不同阵营的，和老板近了，必定就和其他同事远了。时间长了，你会发现自己的生存空间越来越小，生存环境也越来越困难。同事们若把你当成是老板的“心腹”，与你的关系就会变得敏感和紧张，会疏远并孤立你。最可怕的是，同事们还会怀疑你的能力，到最后你会发现，你已经成了名副其实的牺牲品。

因此，“友情”在职场上只能是弱者寻求依靠和平衡的一种心理期待，也是强者在互利互惠中的一个双赢法则而已。切记，最好不要和老板发展这种职场友情。

## 怎样和老板做“朋友”

如上文所述，和老板做“朋友”是把“双刃剑”。但是，说不要和老板做朋友，并不意味着一定要和老板成为敌对的双方。事实上，应当掌握好与老板相处的艺术，彼此友好相待。或许你不能从老板那里得到真正的友情，但老板会给你一个发展的方向和一个可以施展才华和抱负的平台。他会用一种健康、新锐、务实的理念来鼓舞你为他的事业去奋斗，在这一过程中，你也将获得自己应该得到的东西。与你的老板和谐相处的法宝就是：真心把老板当朋友看待，不过心里一定要有一条老板和员工之间的界线。

日本的“经营之神”、成功企业家松下幸之助曾说过：“每一个下属都应该抱着尊敬的态度去发掘上司的优点，至于缺点则应该尽量补救。”

尽量接近老板，加强上下级之间的交流，这样会使工作更容易开展。真心地与老板一起打拼事业并维护老板的利益，最重要的就是把自己分内的事情做好，从而减轻老板的工作量。与此同时，不妨友善地对待老板，积极主动地去营造和谐的工作环境。

总而言之，努力尽职地工作并保持好彼此的距离，是和老板相处的关键。假如你有个很好的朋友，那千万别让他成为你的老板；对你的老板，也不要奢望和他成为好朋友。

# 懂得"示弱"的人才是真正的强者

在生活中，每个人都在追求进步，谁都不甘心落后，于是就形成了"强者生存"的环境。可是，真正的强者并非事事出头，凡事都要争个你死我活的那种人，而是那些懂得"示弱"，适时进退的人。示弱并非软弱无能，而是一种智慧。它能让你保留实力，在最关键时刻出其不意制胜。

## 毫不示弱，反而使你处于弱势

一个有经验的驯马师告诉人们：性情暴烈的马，其生命通常较短，因为难以驯服，因此难免遭遇被杀的命运。反之，那些性情温顺、懂得"示弱"的马，因为容易驯服，因此能够踏上赛场争冠，于是被精心喂养。

所谓"示弱"，不是在困难面前退缩，也不是在挫折面前消沉，而是一种谦逊的人生态度。"胜不骄，败不馁"的古训我们早已烂熟于心，那些获得一点成功就耀武扬威的人，除了让人感觉到傲慢无知，还会让人觉得低俗和鄙薄。那些取得成功而不张扬、不炫耀的人总能让我们记住他们的稳重与高尚。在成功面前，我们示弱，不骄横，不傲慢，继续付出，踏实前进，进而实现新的跨越并赢得人们更大的尊重，这样的“示弱”便是一种积极的人生态度。

很久以前，一个力大无穷的巨人每天要吃掉一只羊，每三天要吃掉一头牛，而且稍不如意，就拔树毁屋，村子里的百姓敢怒不敢言。后来有一位僧人捉来一只小蚂蚁，小心翼翼地交给巨人，说：“你虽然力大无比，却战胜不了这只小小的蚂蚁。”巨人听了觉得可笑，心想：我能一巴掌推倒一棵大树，一脚踹翻一间房子，一拳砸死一头牛，怎么可能战胜不了一只小小的蚂蚁呢？

巨人双手接过蚂蚁狠狠地往地上一摔，结果小蚂蚁不但安然无恙，而且继续在地上欢快地爬来爬去。巨人恼羞成怒，又抬起他的大脚，对着小蚂蚁使劲地踩了下去，结果小蚂蚁又从他宽大的脚趾间爬了出来。巨人用尽了各种办法，直把自己折腾得筋疲力尽，也奈何不了这小小的蚂蚁。

蚂蚁是卑微的、弱小的生命，许多人甚至意识不到它们的存在。但是，这些看似不值一提的弱小生命，在一定的条件下却能显现出强大的生命力。

在遥远的远古时代，蜥蜴与恐龙属于同类，但后来恐龙灭绝了，蜥蜴却存活下来了。其中一个重要原因是：恐龙肢体过于庞大，不便于保护自己；蜥蜴小巧灵活，虽然相对弱小，却便于隐藏自己。可见，“卑微”、“弱小”并不等于无能，可能还是一种优势呢。

在现实生活中，人们经常以“毫不示弱”标榜自己。殊不知，显示自己强大，其实不一定强大，“毫不示弱”反而会使自己的“短处”暴露无遗。“卑微”和“弱小”蕴藏着巨大的力量，“勇于示弱”也是一种人生智慧。总之，不能一味地对高贵和强大崇拜有加，而对卑微和弱小不屑一顾。其实，有时“卑微”和“弱小”也会创造出奇迹。

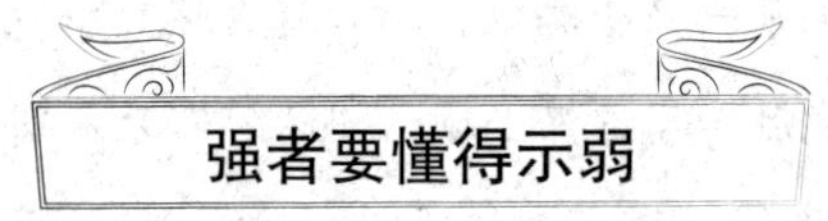

## 强者要懂得示弱

强者懂得“示弱”，无论对自己，还是对弱者，都有好处。强者以弱者的姿态行事，人自然会谦虚谨慎，别人也乐意接受。这样一来，则强者更强；弱者，则能从中获得慰藉、平衡，在心平气和中自觉向强者学习，并有所提高。

“示弱”是一种智慧。据说，英国已故王妃戴安娜在遇见查尔斯王子之前，是个红脸蛋儿的女孩，是个补考都不及格的高中辍学生。她自嘲“脑小如豆，其笨如牛”。但人们喜爱她的笨拙样胜于喜爱她的风姿。戴安娜是一个聪明的人，她并不追求成为公众眼中的完美无瑕之人。

央视记者柴静坦言自己初任记者就牢记的一句话是：“你想采访弱者，就要让弱者同情你。”这是一位老记者给她的经验之谈。那是一次她和老记者一起去采访孤独症儿童，那个他们打算采访的母亲不接受柴静采访，她说：“我不想跟别人谈我儿子的生活。”就是在这种情况下，老记者对柴静说出了那句话。然后，老记者走了，柴静就一个人呆立在门外，没有吃饭。天慢慢黑了，那女人的儿子吃完饭来到院子里，下台阶的时候一个踉跄，柴静下意识地扶了他一下，跟他在院子里说话。过了一会儿，他妈妈出来了，拉着儿子的手对柴静说："我们去散步，你也来吧。"

采访最终成功了，那位母亲接受了柴静。这里面原因可能很复杂，但她是否也在悲悯自己和儿子人生的同时，对陌生的女记者在暮色中茫然伫立生出一点点同情呢？一定有的。

事实上，戴安娜和柴静都在示弱，"示弱"使她们赢得了他人的好感，赢来了机会。戴安娜的自嘲瓦解了公众对于她高高在上的隔阂感，使她以平易近人的风格博得"平民王妃"的美誉；柴静站在那位母亲屋外时无奈和无助的样子，最终打动了那位母亲善良的心。

在20世纪70年代，原联邦德国总理勃兰特访问波兰，跪倒在华沙犹太人殉难者纪念碑前，他面对的是600万犹太人的亡灵，他是"替所有必须这样做，而没有这样做的人下跪了"，这就是闻名世界的"华沙之跪"。

无可否认，华沙之跪极大地提高了勃兰特和德国在外交方面的形象，为此1971年勃兰特获诺贝尔和平奖。后来，"华沙之跪"也被认为是战后德国与东欧诸国改善关系的重要里程碑。

"示弱"赢得尊敬，"伟大"才愿俯身。真正伟大的人物不是让人望而生畏，而是望而可亲。畏让人远离，亲让人走近。他们不去凌驾于众人之上，他们把自己放到跟他人一样的高度，以俯身的姿态去倾听。如果是上司，他会微笑着向每一个他遇见的员工点头；如果属于强势人群，他会向弱势之人伸出温暖的手。现实中的每个人相对某些人都是“强者”，面对他们，你真诚地示弱了吗？也许“示弱”不应是一种故作姿态，而应是诚心俯就。

千万不要认为“示弱”的人就是弱者。生活中那些懂得示弱的人，时时处处谦虚谨慎，总是为他人考虑。为人低调，这并不代表他真的是一个弱者，而更说明他已悟到了做人的真谛。其实，这样的人才是真正的强者！

“示弱”是智者处世的法宝。一个愿意“示弱”的人，一定是一个态度谦和、敢于负责、顾全大局的人。这样的人也正是各领域都需要的。因此，不管你是一个成功人士，还是一个奋斗者，都要学一学“示弱”。

# 别因为“优秀”而惹人厌

人人都想成为朋友羡慕、老板赏识的优秀人才。可是，有时候越是“优秀”的人才，越容易受他人厌恶和排挤。有些优秀的人要么恃才傲物，锋芒毕露，表现欲特强；要么自恃聪明绝顶，所有工作都不放在眼里，缺少上进心。因此这些人总是不太招人喜欢，容易成为众人嫉妒的目标，尽管这些人他头脑聪明，拥有出众的才华，到最后却常常会一事无成。

那些才能稍逊的“二流人才”却总能得到上司的赏识，成为提拔和重用的首选人物。这是因为这些“二流人才”自知自己的实力有所不足，所以他们为人低调，谦虚好学，可以轻松地和周围的朋友或是工作伙伴交往、合作，有良好的群众基础，因此更容易受到上级领导的青睐和重视。

## “优秀”的人总是“孤独”

越是优秀的人越容易感到孤独，这是因为在日常的人际交往中，人们喜欢和自己水平相当、志趣相同的人成为好朋友。优秀的人因为出众的才学成为众人心中公认的特例，这样就在一种默认的态度中，成为被他人孤立的个体，将自己置于“高处”，留给自己的将只会是“高处不胜寒”的感受。

在人与人的交往中，优秀的人因其本身独特的优越感，往往将自己放置在高人一等的位置，这就会使人们对其产生很大的抵触情绪，在大家的默契配合下，使其成为众人排挤和孤立的对象。如果一个优秀的人不懂得在生活或是学习中隐藏自己的锋芒，处处都表现出超强的实力，就会在无形中为自己带来很多不好的影响，如朋友的嫉妒，工作伙伴或是上司的猜疑等。

徐娜在一栋高级写字楼的办公室上班，是公司总经理的秘书。初到公司时，她被分配到公司的行政管理部门，在那段时间里，徐娜和同事相处得十分愉快，公司的待遇也不错，因此徐娜在公司做得很开心。

过了一段时间后，因为工作的需要，徐娜被调到现在的工作岗位上，因为其工作能力突出，工作态度认真，负责、努力、刻苦，很得总经理欢心。因此，总经理十分看重她，不仅提升了徐娜的工作岗位和工资，还在工作中处处照顾她。看到徐娜成为了总经理面前的红人，周围一起工作的同事都十分嫉妒，所以大家一致默契地将她隔离，对徐娜都是不冷不热的。最后，徐娜实在受不了这种工作环境，便选择离开公司。

在社交活动中，对于下属或同事，都要学会隐藏自己的实力，给他人适当的表现机会，让他人感到一种由衷的优越感，在心里拥有“自己比别人强”的体验，通过这种“欲擒故纵”的方法，从中获得更多增强自己实力基础的机会。

争强好胜是人类的缺点之一，当面对比自己有实力、各方面都比较优越的人时，从内心深处就会跃出一种挫折感，在脑海里产生“你比我强大”的感觉，从而对其产生或多或少的嫉妒心理。因此，不妨采用“先抑后扬”的“藏拙”智慧，为自己争取更多的发展机会。

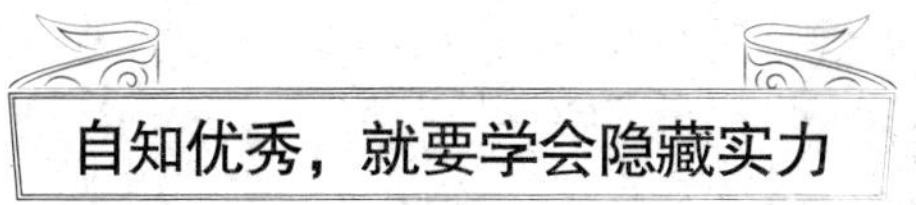

## 自知优秀，就要学会隐藏实力

优秀而聪明的人要明白“越是优秀的人越容易受他人嫉妒”的道理，所以在日常的人际交往中，大都会将自己的实力隐藏起来，做一个精明的“糊涂人”。

主动贬抑自己的才华，以请教的方式来突出他人高明，可以使他人从内心得到满足，心生好感，这就是社交中隐藏的心理学。人们通常都认为，如果下属做错了事情，常常会招来上司批评与责骂，事实上并非绝对如此，平常在上司面前偶尔犯些无伤大雅的小错，或许会受到上司指责，但是更多的是得到上司与日俱增的好感。

在生活中，有很多类似的事例证明，在人际交往中要想获得更多的受赏识的机会，适当隐藏自己的实力，成就他人好大喜功的心态，是一种不错的做法。

作为一个优秀的人，要明白和他人分享快乐，不要总是自视甚高，不屑于和他人共谈；在获得荣誉时，要学会与他人分享，不要总是自己包揽所有的成就；在和他人相处时，要学会隐藏自己的锋芒，多给他人一些表现的机会，这样可以为自己赢得良好的人际关系，更有利于拓展自己的发展空间。

反之，不懂得和他人分享，只是一味地强调自己的优秀和重要性，就会受他人冷落、排挤，使自己永远徘徊在他人社交圈的外围。

第三章

# 千变万变，人性不变

无论一个人怎样改变，与生俱来的性情永远是深植骨髓的。外界环境虽然能改变一个人的心理，但很难改变一个人的性情。如果你能了解对方的品性，即使对方有任何变化，你都能在第一时间内洞察。人心也许是善变的，但人性是不变的。

# 人的内心是可以被认知的

有些人说“人心隔肚皮”，看不到的心，给人们留下了无限的想象空间。

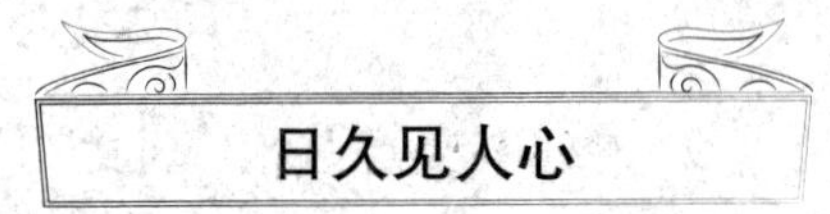

## 日久见人心

谈话是人际交往中最常见的方式，谈话方式、谈话内容、谈话语气、眼神、肢体语言等都蕴涵着丰富的信息。要注意观察对方的异常举动，抓住有价值的信息分析出对方的心理状态，体会对方的言外之意和话里隐藏的意思。

“害人之心不可有，防人之心不可无”，阅读别人的心，并不是为了抓住把柄陷人于不义，而是要领会话中蕴涵的信号，做好下一步打算。

小雯和王琳是大学同窗，也许是缘分，毕业后两个人竟然进入同一家公司的同一个部门。小雯工作很努力，不到半年时间就为公司做了几单大生意，很受上司的赏识。王琳工作也很刻苦，但工作成绩不如小雯，时间久了，两个人的关系渐渐疏远起来。小雯不想为此失去一个好朋友，于是想找王琳交流一下。两人从大学的美好记忆一直聊到如今在公司的奋斗经历，王琳用很欣赏的语气说：“你真优秀，是我追赶的好榜样！”小雯听到这句话，心里难过极了，就自己对王琳的了解，她从来不轻易认输的，现在说出这样的话，很显然已经不再拿自己当朋友了。

有时候观察人的心理并不是一件难事。一个宅心仁厚的人，从内心散发出来的气质是任何东西都掩盖不住的；一个内心阴暗的人再怎么掩饰也散发不出来那种洒脱的气质。

西方一位心理学家说：“任何人都隐藏不住内心的秘密，即使他守口如瓶，但他的眼神，甚至他身上的每一个毛孔都会出卖他。”如此看来，一个人的内心是可以被读懂的，就像读书一样，“书读百遍，其义自现”。

## 结合环境读懂人

“近朱者赤，近墨者黑”，且不管是不是完全正确，既然是前人留给我们的训言，说明还是有一定道理的。孩童时期的人没有任何判断能力，是非观全部是从所处的环境里慢慢感悟到的。

人的性格与环境有很大的关系，环境的差异会造就出不同品行的人。想彻底了解一个人，就从他的生活环境中寻找蛛丝马迹。有时我们接触到的那一面并不一定就是真实的，很多人在众人背后会有一个真实的自我。当然，不是唆使人去通过不道德的手段打探别人的隐私，起码我们不能完全相信直接暴露在我们面前的人。不管对方有没有另一种面目，我们在与之交往的过程中要学会结合环境读透人心，明辨是非。

在社交中，人际关系的好坏反映了心理距离的远近。在工作、生活不稳定的状况下，人们互相防备的心理倾向日趋加重。大家都想在公司有个好的职位，可是有前途的职位在同一家公司里是有限的，免不了会出现激烈的竞争，因此，同事之间的交往最好是点到为止。

在工作和生活中，我们会遇到不同文化、不同背景、不同性情的人，与不同的人打交道要有不同的立场和方式方法，需要灵活应对。

# 宽容豁达之人更容易赢得好感

人都希望和性格豁达、不拘小节的人交往，原因就在于这样的人不会动不动就挑别人的不是。每个人都希望能够成为别人眼中的“好人”，但是人无完人，在生活中，谁都可能会犯错，如果能够懂得宽容别人的错误，适时地给对方留面子，那么你一定会更容易获得大家的好感。

## 懂得宽容，方能从容

宽容是一种处世态度，是大气的表现。“宰相肚里能撑船”和“大人不计小人过”说的都是宽容。但是，一个人真能做到宽容也是很不容易的。如果一个人能够懂得宽容别人所犯的错误，那么肯定会为别人所拥护，增加人们对其的好感。宽容处世，方能从容面对生活中的得失。

清朝大学士张廷玉有一天收到母亲的家书，由于张家和邻居叶家都要建房，为争地皮起了争执，双方互不相让，张老夫人便让人修书给儿子，希望儿子能借用宰辅的权威令对方退让。张廷玉为人正直，看罢信便立即回信劝导母亲：“千里家书只为墙，再让三尺又何妨？万里长城今犹在，不见当年秦始皇。”

张母收到儿子来信，非常愧疚，立即把墙主动退后三尺；叶家见此情景，感到惭愧，也马上把墙让后三尺。这样，张叶两家的院墙之间，就形成了六尺宽的巷道。人们都赞赏张廷玉的宽容大度，为了纪念他，便把这条路称为“仁义之巷”。

张廷玉的宽容使张家失去了三尺地皮，但是换来了大家对他的赞誉和好感，而且两家从此重归于好。如果他当初听从母亲的话，动用权威，就算是最后多得了那几尺地皮，也失去了人们对他的敬仰之心和好感。

懂得宽容，才能获得对方的好感，一个人若只看重自己的眼前利益，而不懂得如何去宽容别人，那么他永远也不能得到别人的信任。

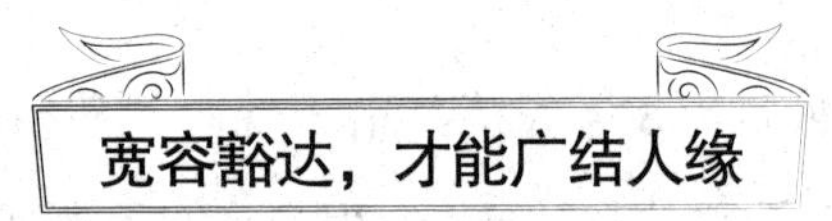

## 宽容豁达，才能广结人缘

好人缘来自宽容豁达的心胸。在人际交往中，与不同的人相处，要能够求同存异，宽容别人的缺点，发现别人的优点。一个人如果不懂得宽容别人，总是对别人的一点错误揪住不放，似乎这样才能够显示自己的高明，这时候他便失去了好人缘。一个拥有宽容豁达心胸的人，对别人的过错是能够释然的，但是这并不等于就任其为之，而是用一种宽容温和的方式来解决，让对方既能够认识到自己的缺点，又不产生抵触心理。

在生活中，宽容的人更能得到大家的好感，因为他不会因为一点小事而与对方斤斤计较，不会因为别人对他不好，便采取报复行为。你若如此，自己会少了些烦恼，别人也会因你的宽容豁达而对你更加敬佩。

公元前606年，为庆贺平叛胜利，楚庄王宴请文武百官。席间，楚庄王让自己宠爱的许姬给大臣们敬酒助兴。忽然一阵大风将厅内烛火吹灭，黑暗中许姬感到有人扯她的衣襟，许姬恼怒中顺手扯断了那人帽子上的缨饰，偷偷请求楚庄王惩罚这个失礼的狂徒。楚庄王却下令暂缓点灯，并让群臣全部把帽子上的缨饰扯掉，尽情狂欢，对于许姬所说之事却只字未提。

次年，楚郑两国交战，副将唐狡出生入死，为大败郑军立下赫赫战功。楚庄王一定要重赏唐狡，唐狡当即跪倒在地，道出实情，说今日战场上之所以置生死于度外，实乃报答楚庄王昔日“绝缨掩过”的恩典。

楚庄王对酒后失礼的大臣存有宽容之心，赢得了大臣对他的忠心，并在战场上回报了楚庄王当初的“宽容”。每个人都不是完美无缺的，但是又不愿意被人指责自己的短处。试想，如果楚庄王当初就把这件事公之于众，就算是赦免了唐狡的死罪，唐狡也不会感激，因为他无法面对自己的丑闻被公之于众。

宽容别人的错误，不但可以广结人缘，还可为自己留一条后路。在电视剧《花木兰》中，突厥可汗之弟铁勒混入军营刺探隋军虚实，但为木兰发觉，并被李亮所擒，本应被处死，但李亮欣赏铁勒是条铁铮铮的汉子，就把他放了。后来，木兰和李亮不幸被突厥所擒，铁勒敬佩李亮的为人，于是把他两人放回，并写下了求和信让其二人带回。

显而易见，李亮对铁勒的宽容之心，最终得到回报，并结交了铁勒这个朋友。人如果不能宽恕别人的错误，非要置对手于死地，那么他一定不会为别人敬重，当自己一旦失势，也会成为众矢之的。

人只有懂得用一颗宽容豁达的心对待别人，才能为别人所宽容。能够以一颗宽容的心面对世界的人，他的内心世界一定是充满快乐的，因为当他宽容别人时，也得到了他人的尊重和信任。

# 不善言辞之人也能识人

社会活动中会遇到形形色色的人，洞察人性是很有必要的。只要掌握识人的本领，即使你不是一个善于言辞的人，也能以静制动应对。听其言，观其行，捕捉其眼神都是识人的基本技巧。

## 世事洞察皆学问

“路遥知马力，日久见人心。”分析一个人的内心，是一个复杂的过程。识别人性是非真假，要从很多方面去观察细节，同时参考别人的意见也是必不可少的。比如说看一个人在顺境中是否会骄傲自大，在逆境中是否会灰心丧气，对待强者和弱者的态度怎样，这些都能表现出一个人的品行。面对比自己强势的人就卑躬屈膝，对弱者百般欺辱，这不是优良的人品。有时候看一个人如何对待弱者，更能看出一个人的品质。

有时不必与人打交道就能判断出该人的德行。一个人的思想性格能从很多方面表现出来，作为旁观者更容易看到事情的本质。只要注意观察细节，再善于掩饰的人也会泄露秘密。

一次，少年时的柏拉图对老师苏格拉底说：“某某人不怎么样！”

苏格拉底问：“为什么这么说？”

柏拉图说：“他对老师你的学说总是爱挑毛病，并且不喜欢你的鼻子。”

苏格拉底笑了笑说：“我倒觉得他这人不错。”

柏拉图问：“你怎么会这样想呢？”

苏格拉底说：“他很孝顺自己的母亲，照顾得很周到；对自己的老师也很尊敬，从来没有不恭的行为；对朋友很真诚，常常当面指出他们的缺点，并帮助他们改正；对孩子很友善，经常和孩子们一起玩游戏；对穷人也很有同情心，有一次，我亲眼看到他从身上拿出最后一个铜板，给了一个乞丐……

柏拉图接着说：“但是他对你不尊敬啊！”

苏格拉底慈爱地摸着柏拉图的头说：“孩子，一个人如果站在自己的立场上去看待别人，常常会把人看错的。因此，我看人从来不看他对我如何，而是看他对别人如何。”

苏格拉底之所以对此人评价不错，说明他观察人非常认真而且很全面。不凭借一件事就对一个人形成固定的看法，也不依据当前的情况去给一个人的未来下结论。

人是性是多变的，但有时多变为的是自我保护，使自己更加适应当下的生存环境，对于人的多变，必须从不同的立场去理解。

你在观察一个人的时候，别人也在观察着你，每个人的背后都有很多人在关注，而且每个人都希望能遇到良师益友。在与人交往过程中，最重要的是自己会做人，做别人心目中值得深交的人。即使你不擅长与他人打交道，也可以从其他途径去了解他人。

一个真正具有读懂人心本领的人，不需要很多语言交流，甚至靠细心的观察就能看透人或事，洞悉别人内心暗藏的玄机。

认真观察一个人，可以从对方身上学到一些做人的道理，可以感悟到一些对待人生的态度。每个人都仿佛是一本书，有的值得反复精读，有的则简单翻过即可。值得深交的人身上有你学不完的哲理，微不足道的人或者须提防的人，应该让他慢慢淡出你的朋友圈。

## 朋友不在多而在善

没有朋友的人会感到孤独，久而久之性格会变得桀骜不驯、偏激多疑，严重影响身心健康。但朋友是可以与你共度人生的，会直接影响你的价值取向，因此交友时要谨慎选择。

孔子曰："益者三友，损者三友；友直，友谅，友多闻，益矣；友便辟，友善柔，友便佞，损矣。"意思是说，使人受益的朋友有三种，使人受损的朋友也有三种。这是为了告诫人们，正直、诚实可信、博学多识的朋友才值得我们结交，这样的朋友可以使人们受益良多；如果与那些善于迎合、讨好别人，缺乏诚信，油嘴滑舌，没有真才实学的人交朋友，会给自己带来负面的影响。

与正直上进的人交友，两个人可以互相勉励，勇攀高峰；与堕落悲观的人交友，就算滑向深渊也毫无醒悟。人都有缺点，而且有惰性，一旦交友不慎，就会放纵自己的缺点和懒散之心，人生就会走向低谷；而积极上进的朋友会在一旁提醒你要意志坚定。

交朋友不在多而在良，一个善良的知己要好过一群满嘴仗义的酒肉朋友。真正的友谊需要用心去维护，每个人都可能有很多朋友，但是真正能交心的很少。交朋友不是越多越好，质量最重要，一个能左右逢源的人不见得就能拥有很多真正朋友。选择朋友时要用心去品味，没必要刻意在茫茫人海中筛选，因为人与人即使做普通朋友也是需要机缘的，不见得要从很多交往的人中才能选出几个真正的朋友，即使只有一两个朋友，也有可能他们就是最好的。

有些朋友相互利用，有些朋友则是一生一世的陪伴。真正的朋友是不求回报的，也许他并不是你联系最密切的一个，但当你遇到苦难与挫折的时候，他却会第一个知道，并安慰或支援你。一些表面的朋友在你身处逆境的时候会莫名其妙地消失，就像在你春风得意时会莫名其妙地出现一样。

# 主动承认错误，更容易被他人谅解

俗话说：“金无足赤，人无完人。”每个人的一生中都有可能会犯错误。承认错误，承担责任，自然也是每个人应尽的义务。责任是不能推卸的，只有敢于担负责任的人，才是可以委以重任的人。

同时，还要学会从内心深处去尊重他人。面对过错，很多人缺乏面对的勇气，这就会出现逃避或者推卸责任的问题。这时就应该发自内心地去尊重和理解别人，用一颗豁达的心去包容诚心改错的人。我们应该将承认错误、担负责任的观念根植于内心，并且让它成为我们脑海中一种强烈的意识和人生的基本信条，这才是至善至美的人性。

## 勇敢地面对错误，才不至于出局

无论是在工作还是生活中，一时考虑不周或者是疏忽大意，都有可能会犯错。出现这样的问题时，有些人能够意识到错误并承认错误、改正错误。有的人会本能地为自己开脱，但是这种逃避的方式是很不可取的。当我们不小心做错了某件事，知道免不了要遭受责备时，为什么不抢先一步自己先认错呢？勇于承认自己的错误并且勇于担当，这也是如何处理人际关系的一个重要方法。

出现错误时，要开门见山讲清楚自己犯错的原因。是由于知识不够，经验太少，还是疏忽大意，这些都应该讲明白。特别是对于职场人来说，更应该阐明错误的来龙去脉，还要说明你在发现错误以后是如何进行弥补的。虽然你的补救措施可能起不了多大作用，但是可以让别人明白你已经尽力去做了。这样就更容易被别人理解，在某种程度上也能够让别人体谅。同时要向对方道谢，感谢他能带着一颗宽容的心来听你陈述，并且还能帮助你一起商讨解决问题的办法。

然而，每个人在面对承认错误或是担负责任时，都会缺乏一定的勇气，而这种勇气就是来源于人们心底的情感——人类的自爱，这种自爱之情同样也是一切善良与仁慈的根本。我们应该让承认错误与担负责任的想法成为一种强烈的意识，在日常的生活和工作中，这种意识就会促使我们表现得更加出类拔萃，并且能被更多的人所接纳，从而为更多的人尊重和欣赏。

很多人在犯错误的时候通常会找各种各样的借口，来掩盖自己本应承担的责任，同时也试图安慰自己愧疚的内心。在职场上，对于一个爱找借口的员工，老板又怎会信任并提拔他呢？只有从一开始就将寻找借口的出路堵死，勇敢地去面对错误，不逃避自己应该承担的责任的人，才能得到老板的信任。这样老板对你的评价会是：他是一个勇于承认错误，并且敢于承担责任的人。

哈威有一次因失误错发给一名请病假的员工全薪。当发现自己的错误后，他立即通知那名员工，并解释说必须纠正这项错误，要在下个月发工资时减去这次多付的工资。那名员工说，如果这样做的话，他下个月的生活就难以维持了，因此请求分期扣除多领的薪水。但这样做必须经过老板批准。哈威知道，这样做会使老板大为不满，但这都是自己的错误造成的，自己必须在老板面前承认。

哈威走进老板的办公室，如实向老板作了汇报。老板大发脾气说这应该是人力资源部的错误，但哈威解释说是他的错误。老板又责怪哈威办公室中的同事，但哈威坚持是他的错。最后，老板惊喜地看着哈威说："我刚才故意考验你，好，既然是你的错误，就按你的方案解决吧。"

问题就这样解决了。哈威没有回避错误，而是勇敢地承担了下来，从此老板更加器重他了。

一个优秀的职场人应该懂得在该承担责任的时候站出来承认错误，这样会更容易得到他人的理解和尊敬。在职场中，拥有良好的口碑和职业操守是最大的财富之一，它能使你永远立于不败之地。

当你不小心出了差错后，最好的办法就是勇敢地认错。事实上，你的上司也不是圣人，他也会有出现失误的时候。所以，上司一般不会因为你犯个小错，就全盘改变对你的看法。当然，光承认错误还远远不够，你还得提出具体纠正错误的方法，这样你不但能让上司看到你的"坦诚"，同时也让上司看到了你处理问题、改正错误的能力。

人类的共性，通常都愿意对那些运行状况良好的事情负责，却不愿对出了偏差的事情负责任。那些不负责任的员工，在出现问题时，首先考虑的不是自身原因，而是会把问题归罪于外界或者是推到他人身上，然后寻找各种各样的理由和借口为自己开脱。这样做不但不会被理解，反而容易产生更大的负面影响。这就触犯了人际关系的禁忌：一个连自己都不敢坦然面对的人，又怎么能让别人理解和尊重呢?

在生活中，有些人拒绝认错，推卸责任，其实他们最初本意并不是这样，由于面对过失时他们迟疑不决，没有及时承认错误，后来发展到寻找借口，开脱责任。如果在第一时间就斩钉截铁地说出“这是我的错”，就会彻底粉碎那些不负责任的想法，也会鼓舞自己勇敢地承担起自己的责任。

## 勇于担当，构建和谐关系的桥梁

有一个总会积极道歉并且愿意承认错误的人说：“我希望我与别人的关系都能够是真挚的。但是我明白一点，只有自己愿意先承认自己的过错，才有可能实现这一点。”

很多时候，我们都知道，向别人承认自己的错误的确不容易，向自己承认错误似乎显得更困难。但是，“人非圣贤，孰能无过”。每个人都会出错，也都会有短处，而且，我们有时不经意间也会说一些伤人的话或做一些伤人的事。

所以，当我们真心道歉时，就算对方不接受，你自己心里还是会觉得好受一些。因为你自己知道，你不是只想着赶快息事宁人，而是自己真的能从这个错误中吸取教训。更有意义的是，这样做你可以向事件中的所有人证明自己是一个愿为自己的行为负责的人，而这正是你与别人不一样的地方。

但如果只是为了错误而过度地责怪自己，或许会适得其反。请记住：错误与失败本来就是人生的一部分。因此，当你犯错时，要想方设法尽量去弥补过失。然后，放下它，不再回顾。这种努力本身就会帮助你成为一个更好的人，同时你也能够帮助你收获到更多人的认同。

# 运用“南风效应”，温和地说服对方

“南风效应”源于法国作家拉封丹的一则寓言，在人际关系中的运用就是提倡用温和的方式与人相处，以柔克刚，用温暖感化人。俗话说：“良言一句三冬暖，恶语伤人夏日寒。”用粗暴强硬的态度与人交谈，非但达不到自己的目的，甚至还会因为一句狠话甚至一个冷漠的眼神而遭人怨恨。

## 说服是成功交往的关键

说服一个固执的人非常困难，但只要运用合适的技巧，再固执的人都有可能开窍。在众多的说服技巧中，说话的语气非常重要。

怎样说服人是一种社交艺术，一句话能成事，一句话能坏事，关键是说话的方式和语气。有时候，即使说和听的双方都没有什么恶意，但如果说话的态度过于强硬，双方也会闹得不欢而散，造成很多误会，让人尴尬得很。温暖的语气会给人留下美好的印象，接下来的合作才会顺利愉快。

在通常情况下，有着不同背景的人之间沟通本来就存在障碍，如果说话过于莽撞，就很难获取别人的信任，更别想说服对方了。对于比较陌生的人，讲话的态度首先要诚恳，语气要委婉，这样才能获得对方的好感。对于生性多疑的人，适合开门见山。如果铺垫太多，对方会怀疑你有什么不良企图，自己的观点还没说出来就失去了信任，那么接下来的交谈也就没什么意义了。

和别人交谈进而说服别人，最困难的在于是否能将自己的意图清楚地传达给对方。把自己的意图准确地传达给对方。沟通过程很重要，要注意排除障碍，说话要找重点，并且注意观察对方的反应。在试图说服对方的时候要学会换位思考，分析对方的立场，让对方感觉到是在受尊重的前提下交谈的。

如果在交往中只顾给对方灌输自己的观点，那就犯了交往的大忌，一个优秀的说客同时还是一个真诚的倾听者。忽略对方的观点和感受，就很容易在传达和接受观点的过程中产生误会，甚至曲解对方观点。

有一家物流公司经过统计发现，他们送货送错地方的概率是万分之六，公司每年为此损失100万元以上，于是公司找来顾问解决这个问题。经过顾问调查分析得知，在这些送错货物的案例里，大多是因为看错送货单上的地址而送错的，为了消除这种低级错误，提高公司的服务质量，顾问建议把送货的工人或司机的头衔改为技术员。开始公司对这种简单的做法表示怀疑，但还是照做了，结果没过多长时间就有效果了。把工人的头衔改为技术员后，以前万分之六的犯错率下降到了万分之一，公司的损失大大减少了。

顾问告诉管理者，技术员的头衔会使送货的工人或司机重新审视自己的价值，对工作更有责任感。如果只是教育或处罚，他们表面上顺从了，但是潜意识的粗心引起的错误还是无法改变的。只有通过心理激励，间接赞美，才能从根本上提高积极性并减少错误。

在说服人的时候，也要因人因事制宜，用对方最容易领悟的方式，找准时机再说。不妨用商量的口气与对方说话，不要急于表达自己的观点，也不要吝啬赞赏的语言。说话间要自然地引导对方的思路，让对方感觉到你是在征求他的意见，而不是在企图让他改变自己的想法而追随你的思想。

说服人最高的境界就是：把对方说服了，却不让他知道你在说服他，甚至他会认为你们最终讨论的结果是采纳了他的观点，实际上你已经成功地说服他了。

## 说服别人时要讲究策略

在生活中，很多时候必须说服别人，而且必须说服的对象也有很多，父母、朋友、同事、老师、学生……面对不同的人、不同的事，也需要不同的说服技巧。

在说服别人时，要营造一种和谐的谈话气氛，要和颜悦色地与别人商量，而不要强硬地用命令式的口吻。如果能把气氛调节好，两个人的谈话会很愉快；如果一开始就摆出盛气凌人的架势，咄咄逼人，即使别人意识到你的观点正确，也不会从内心接受。因此，创造良好的环境，以退为进，也是成功说服的基础。

一般来说，无论在什么样的条件和环境下，在和被说服对象的较量中，双方都会产生防范心理，在潜意识当中，这种防范心理是一种自卫本能。因此，在说服前要先消除对方的防范心理，即别让对方从一开始就把你当成假想的敌人，最有效的方法就是通过心理暗示，反复暗示你们不是敌人，而是朋友。不妨给对方一定的情感关心，嘘寒问暖唠家常，等氛围没那么紧张了再切入正题。

俗话说："知己知彼，百战不殆。"只有了解对方才能推测出对方的观点和立场，才谈得上站在对方的立场上分析问题。为他人着想说得通俗点就是"投其所好"，这种技巧常常很具有说服力。那些习惯于拒绝他人观点的人，在心理上一直处于说"不"的状态，因此，他们的表情和姿态通常会比较僵硬。

要说服这种人，绝对不能在一开始就打破他的习惯，而是要在交谈中尽力寻找双方的共同点，让对方先赞同你这个与主题无关的观点，引起他对你的兴趣，然后再引入你真正想表达的观点。

面对比自己强势的对手，不要以卵击石，要适当地表现出弱势。人们都有同情弱者的心理，不妨利用这种心理寻求对方的同情心。实践证明，南风徐徐吹动的"柔"比北风凛冽刺骨的"刚"更能让人收到满意的效果，这也是"南风效应"在说。

# 激发对方的同情心

每个人都会有同情心，无论这个人强势还是软弱。这种与生俱来的同情心在某些情况下就是一个弱点，也是人性的薄弱环节。而当一个人的同情心得以满足时，他的自尊心也会在某种程度上得以满足。因此，只要能突破这个薄弱点，一般来说就没有解决不了的难题。

## 激发对方同情心

人人都具有不同程度的同情心，这是人性的优点，也是弱点。人们往往会对与自己境况相似或比自己强的人产生竞争或戒备心理，而对比自己弱小的群体产生怜悯之情。面对弱者产生的同情心会使人放松对外界的警惕，很容易被来自弱者的请求打动，从而满足他们的需求。

激发人的同情心有很多方式，关键是每个人的同情心被激发的临界点不一样。有着特殊经历的人会在某些特殊情况下激发自己的同情心；一些本来就很富有同情心的人更容易怜悯别人。但是，心肠硬的人，激发他们的同情心就要靠一些技巧了，否则不但不能唤起他们的同情心，反而会引起他们的漠视。

街上的一些乞丐，在别人面前总是表现得可怜兮兮，不是肢体残废，就是双目失明，有些是遭遇自然灾害，也有些是遭人遗弃……人们对这种事情见多了，也能想到他们或许在编故事，但还是忍不住会动恻隐之心。当然不能遇到困难需要人帮忙就去当乞丐，但事情的道理是相通的，为了得到别人的同情，不妨学一下乞丐的精神，放下身段勇敢说出自己的遭遇。

对于三国时期的刘备，人们评论他的江山就是哭出来的。看过《三国演义》的人都深有体会，刘备遇到大事很喜欢哭或者下跪，以此博得别人的同情心。开始时一番痛哭和肺腑之言，与关羽、张飞桃园结义，二人忠心追随，为蜀汉的建立立下了汗马功劳。后来在走投无路时刘备也是声泪俱下投奔过曹操、袁绍等人，使他们放松了警惕，才有了以后的东山再起。

曹操、刘备、孙权形成三国鼎立之势时，三人皆为枭雄，但刘备依然最会利用别人的同情心。在赤壁之战后，刘备夺取了荆州，孙权多次派人来催讨，第二年刘琦病逝时，又派鲁肃来催讨，刘备还是不肯给。于是周瑜设下美人计，让刘备和东吴结亲。刘备在结亲的过程中，充分利用了吴国太夫人的同情心来保护自己。甘露寺相亲时，他向吴国太夫人下跪，请求赐死，表现得十分可怜。准备回荆州时，又暗暗垂泪，甚至向新婚夫人下跪，博得了孙夫人的同情心。

小人物落泪都可以唤起别人的同情心，更何况是刘备这样的英雄！一落泪什么事情都迎刃而解了，这非但没影响他的英雄形象，在别人看来这反而是重情重义之举。

在与人交往中想得到对方的帮助，善于抓住对的同情心是很重要的一环。

## 别让你的同情心泛滥

有同情心是一件好事，但同情心泛滥就另当别论了。不要被自己的同情心左右，因为同情心泛滥会让一些人有机可乘。比如沉浸在爱情里，要把同情心和感情分开，要时刻记住同情心不是爱情。你可怜一个人，并产生一种想关心对方的情感，这并不是爱情。从一开始就不该让同情心泛滥，即使是出于好心也应该有个限度。

面对行动有障碍的人，你会同情，但要冷静地运用同情心。生理或心理上有缺陷的人比正常人敏感，他们比正常人更需要别人尊重，更在乎正常人看他们的眼光，稍不注意就会伤到他们的自尊心。他们渴望正常的待遇。此时，要适当收起自己的同情心，还给他们提倡自食其力的空间。

同情心是每个人的软肋，在人际交往中，善于利用别人的同情心，当然能达到事半功倍的效果，但要小心掉进同情心的“陷阱”。如果总是做“老好人”，把自己的同情心散播各地，就容易受人利用。同时，自己太过善良，会被人认为你软弱。

这个世界需要爱，也离不开同情心，但是同情心泛滥，对己、对人、对社会都是不利的，因此不要肆意让自己的同情心洒到人间的每个角落，同时也给别人留一点做好事的空间。

# 多加倾听——沟通的前提

倾听能拉近人与人之间的距离。在朋友遇到挫折或受到伤害时，倾听能给他以安慰和鼓励。在工作中，倾听别人的建议可以让你做出更有利的决策。在学习中，认真倾听别人的思路可以开阔自己的思路，提高学习效率。

## 倾听是人际交往的润滑剂

“倾听”在人际交往中是一门艺术，需要一定的技巧，最重要的是倾听的时候要诚恳、专注和耐心。只有学会倾听，才能理解别人想表达的意图和需求，达到沟通的目的，进而广开言路。也就是说，倾听别人的意见才能找到更好的解决事情的办法。

同时，“倾听”也是与人为善、谦虚谨慎、心平气和的一种人生态度，不仅可以帮助别人在迷茫中保持坚韧的意志，也可以使自己的心胸变得更加开阔，思想更具有内涵。

大人经常倾听孩子的心声，能彼此互相理解，避免两代人之间的隔阂；老师认真倾听学生的心声，能找到更适合学生的学习方法，增进师生之间的感情；为官者多倾听百姓的心声，能了解百姓真正需要什么，使政策的执行更顺畅，也能增进官民团结；朋友之间互相倾听，能增加彼此的信任感，使友谊更加稳固……

每个人都希望被了解，但要实现这种想法，就必须有人愿意倾听。在某些时候，会说不如会听。在一个人最脆弱的时候，需要找别人倾诉一番，而此时作为一个倾听者，就算说再多安慰和鼓励的话都无法帮他解决难题，你要做的就是专心听他说，等他说完了，他自然就会有一种解脱的感觉，接着就会振作起来。也许朋友在你面前哭诉，你也跟着悲伤，但自己就是不能用好话安抚他，你不必为此感动愧疚，因为朋友已经感受到你和他一起悲伤时的温暖了。

周末，周红来找好友李艳，原来周红刚刚失恋，在感情纠葛中挣扎着，非常痛苦。李艳给她倒了一杯热茶，坐下来认真听周红讲述着她的一个又一个故事，这其中有之前听过的，也有第一次听到的，听到激动处就紧紧握住好朋友的手，听到悲伤处就和朋友一起伤心流泪。但在此期间李艳几乎没说什么话，就连最基本的安慰话也插不上嘴，只是默默听朋友讲了一下午。告别的时候，周红对李艳说："把心里的话都跟你讲出来感觉舒服多了，多谢你陪伴和倾听。"

后来，周红终于又开始了新的甜蜜幸福的爱情，她多次和李艳说起那个难忘的周末，说自己当时非常沮丧，李艳的耐心和真诚倾听，让她已经堵塞的心田涌入了一股清风。

如果人们都能把“倾听”当做一种本领去积极学习的话，一定能让这个社会更和谐、更宁静。待人以善，真诚倾听比任何安慰的语言都有效，你专注的“倾听”就是对倾诉者最大的“安慰”。要注意，我们的“倾听”必须是善意的，不能把别人的“倾诉”当成一次获取“情报”的机会，更不能把别人无意中说出来的秘密公之于众，否则你失去的不仅是朋友的信任，还有自己的人格。

“倾听”是一件对双方都很有利的事情，倾诉者把心声吐露出来后，痛苦会减少，精神会更加振奋。而对于倾听者来说也会从各方面增长见识，在遇到类似的事情时也会提高警惕。更重要的是，在帮别人疗伤的过程中，自己也能悟出一些人生真谛。

## 如何学会倾听

“倾听”看似很简单，但不是每个人都能做到的。其实倾听的重点不仅在于听对方陈述发生了什么事情，更有意义的是能让对方在倾诉的过程中找到信心，而且你要鼓励对方说下去。

听人说话要专心、安静，但又不能完全处于被动专注的状态，要通过表情、手势、眼神等告诉倾诉者你在听，能听出他的心声。你不必说过多安慰性或建议性的话，但绝不能闷不吭声，在对方说话期间，不妨插入一句诸如“你说得不错”、“请你继续”、“我赞同你的想法”等鼓励的话，以免对方觉得自说自话耽误你的时间，这既是对方继续往下说的动力，同时也能间接告诉对方，你很乐意听他诉说。

人们对一些简单的倾诉言语一般都能接受，会耐心听下去，但往往对一些逆耳忠言听不下去。这些不中听的建议说明你在日常生活或工作中存在缺陷，如果因为自己受到批评而反感，错过忠言也就错过了进步的机会。同时，如果拒绝别人的告诫或表示厌烦的话，很有可能会伤害双方的情谊。

在人际交往中，并不是每个人的肺腑之言都能信任，往往会有人在说话时把自己的真实想法隐藏起来而说一些违心的话，无论出于什么原因，如果你听信谎话，就容易造成很多误解，也可能在将来的生活中栽跟头。这就需要我们在听别人说话时察言观色，从对方表情的微妙变化中看出端倪，弄清说话人的真正意图。

# 不能一味做“老实人”

大家都很喜欢所谓的“老实人”，因为“老实人”不会咄咄逼人，很少会伤害到别人，有时甚至还会牺牲自己。但有一点要谨记：“老实人”虽然好说话，但未必能把事情做好。

## “老实人”不是好利用的人

“老实人”是受人欢迎的，人人都喜欢和老实人交往，但是老实也要掌握尺度。很多时候，做“老实人”是由性格决定的，想不做都不行，更何况做“老实人”也有待人处世大获成功的先例。虽然做“老实人”是值得肯定的，但绝不能做“滥好人”！个人的能力是有限的，当你无力帮助别人的时候，就不要勉强自己，该拒绝的时候就要拒绝。

所谓的“滥好人”就是那些没有原则、没有主见，不能坚持自己观点的“老实人”，这种人或许是出于性格因素，抑或是有意以“好”去讨别人欢喜，反正就是有求必应，无论是否应该满口应承。有时也想坚持自己的主见，可是当别人声音稍大些时，自己马上就软下来了。这类人的身上缺乏原则，信念不够坚定，直接导致是非难分。遇到难以解决的事情，这类人便用“牺牲”自己来“成全”别人。

其实，这类人有时也想“坏”一点，可是还没等真正学会“坏”，就开始自责了，检讨自己这样做是不是不应该……做这种“滥好人”得到的效应与做“好人”是不同的。“好人”是有原则的，众人在颂赞“好人”的同时，会带着几分敬畏。但“滥好人”在待人处世中获得的评语多是“不能担大任”。别人都深知其弱点，甚至对其予取予求。于是所有人都得到了好处，只有这个“滥好人”一点好处都没有。

莉莉是某名牌大学的教师，住在学校的教职工单身宿舍里，平时学校的教学任务不是很重，莉莉就利用业余时间兼职，为出版社或期刊编写稿件。每当她接到一部编写稿件的任务后，总会有段时间忙得不可开交。

她的朋友小夏正在读在职研究生，因为学校离家很远，下课后回家很不方便，所以次日有课的时候她就住在莉莉那里。小夏平时的工作也很忙，遇到功课多、作业堆积如山的时候，她总是求莉莉帮她完成作业。一开始，莉莉常常会熬夜帮小夏完成作业。但有一次，莉莉接了出版社的一部急稿，碰巧小夏又来求救了。莉莉望着朋友无助的眼神，听着她哀求的话语，实在不忍心拒绝，可自己的工作又实在是迫在眉睫，莉莉终于感到左右为难，不知所措了。

著名女作家三毛也曾经有过类似的经历。三毛早年在美国留学时，与几位西方的女学生共住一间宿舍。三毛初来乍到，为了能早日融入这个集体，每天都早早起床，坚持处理“寝务”。这些西方的女学生也确实散漫，回到宿舍，衣服鞋袜到处乱扔，每天起床后被子也不叠。于是三毛便成了这些女学生的“女佣”。在那段时间里，她每天都将寝室收拾得井井有条，“碧眼高鼻”们看着整洁的宿舍，也都着实称赞不已。

可是有一天，三毛生病了，感到全身乏力，实在无力再整理寝室。可这些西方女学生回来后，看着房间和她们早上离开时一样乱七八糟，便七嘴八舌地指责起三毛来。

“我凭什么要为你们收拾房间！”三毛一下火了，她哭叫着撕扯着东西，乱扔着一些整齐的物件。“我是来上学的，不是你们专用的佣人！我为你们付出那么多，就是应该的吗？你们为什么不能自己动手整理？”

那群“碧眼高鼻”都呆住了……

是啊，三毛凭什么要为她们收拾房间？她曾为宿舍的工作付出了那么多的辛苦汗水，这使其他人习惯成自然了，一旦三毛没有替她们收拾房间，她们的内心就会不平衡。三毛表现出来的谦和与大度，已经使她们习惯于心安理得地坐享其成。有时候，人就是这样一种容易受思维定式、行为定式影响的动物。第一次接受别人的恩赐或是付出时，会感到不安和感动，但久而久之，习惯成自然，就会莫名其妙地形成潜在的依赖感：“你能任劳任怨地干着这些琐碎的家务，看来你是应该这么做的，这是你的责任。”

三毛的善心纵容了这些“寄生虫”，让她们觉得接受这一切是理所当然的。三毛也正是因为对这种人性的思维定式缺乏认识，才受到委屈的。

其实，不敢大声说“不”的人往往是缺乏实力的人。也许这种人担心，如果不顺着对方的意思去说去做，自己就会受到压制和排挤。殊不知，越想讨好所有人，结果往往是一个人也讨好不了，因为很少有人会珍惜这种“好”，甚至还会加倍地责备做得不周到。越是想对得起每一个人，越可能每个人都对不起。

人的能力是有限的，有时候虽然勉强去帮助别人却没能帮好，结果往往是对不起别人；就算是尽了自己最大的努力帮到了所有人，至少还是对不住自己。

有鉴于此，我们同事不要勉强自己，做不到就大声说“不”，学会拒绝，不做没有原则的“滥好人”。说个“不”字，不是不近人情，不是自私冷酷。正所谓“长痛不如短痛”，你既然无力帮忙，如果勉强应承，也许反而会耽误了别人获得有效帮助的机会。不如事前让对方知道你的苦衷，以便另请高明。只要你能在拒绝的同时，真诚地道出自己的苦衷和原则，就一定可以使对方谅解和尊重你。

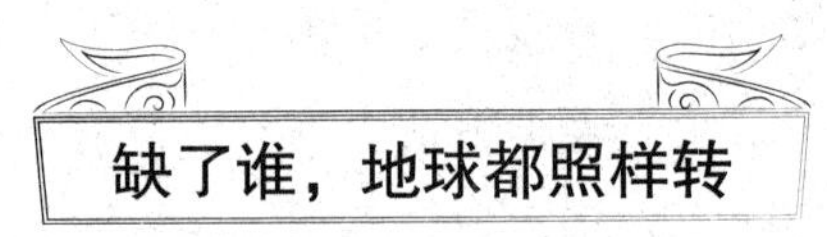

## 缺了谁，地球都照样转

现实生活中的你也许就是这样一个标准的办公室“好人”：在工作中全身心地投入，近乎到了鞠躬尽瘁的地步。领导交给你的任务，你从来都是一丝不苟，即使要你免费加班，你也毫无怨言；同事拜托你的事，不管分内分外，你都不忍拒绝，即便你早已忙得晕头转向、分身乏术，但焦头烂额的你还是强打精神说：“没问题，交给我吧。”别人都以为你很能干，殊不知你累得半死也不愿开口对人说“不”，这样做个“好人”是不是有点太委屈？

事实上，办公室里的“大好人”往往都是碍于面子而不好意思说“不”，结果导致很多原本不是自己分内的事，纷纷落在自己头上，所做的事大大超过自己的能力负荷，终于导致体力和精神都面临崩溃。老板确实喜欢全力拼搏的员工，但你要知道，如果你一心专注于牺牲奉献，处处想讨好别人，做大家心目中的模范员工，到最后恐怕只能是自己吃力不讨好。

也许有些人总是强迫自己做一些并不想做的事，即使心里有不满情绪也会强忍着去做。认为别人之所以把事情交给自己做，是因为看得起自己，信任自己。一旦拒绝，别人就可能会说自己没有团队精神，自己也会产生一种负罪感。总而言之，是因为不希望给别人留下不好的印象。在一个团体中，有这种“讨好”的心理是可以理解的。行为心理学家将这种举动称为“寄生依赖者”，就是用帮助别人来提升自我价值。可也有大量事实表明，这些“寄生依赖者”并不快乐，他们的内心充满了焦虑情绪。

因为这种人往往过于在意别人对自己的期望，希望以别人的赞美来为自己寻求定位，如果不能得到好评，他们就会怀疑自己是不是出了什么差错。

根据调查，不少“工作狂”都是“寄生依赖者”。他们每天工作动辄超过十几个小时。他们兢兢业业，牺牲了个人的休息时间，在他们全心全意投入工作之际，却逐渐疏远了家人。对于这种“工作狂”而言，工作能让他们忘记这个世界。任何事他们都想一手包办，这样可以让他们觉得，在别人心目中自己是不可缺少的。

事实上，每个人都会犯这样的错误——过度在乎别人的看法，忽略自身的感受！我们常常听到调侃别人的一句话：“缺了谁，地球照样转。”

的确，没有什么人是不能被取代的。如果把所有的事情都揽在自己身上，视为自己必须承担的责任，那就是自讨苦吃。相反，倒是应该好好反省一下，到底什么才是自己的责任。

# 利用投射心理，洞悉他人心境

在社交中，人与人之间是相互影响的，人的性格和行为方式都是在人际交往中形成的。在相似环境中，人的价值观、生活态度、处世原则都有很多相似之处，而且人们在与别人交往中会因为环境的改变而不断改变自己的思想。

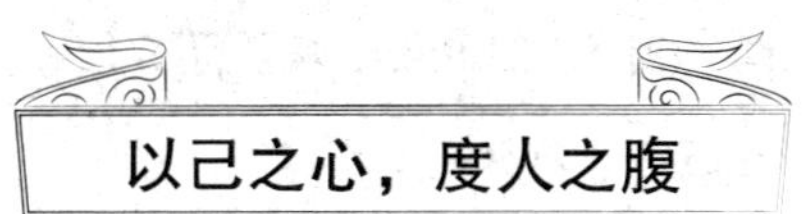

## 以己之心，度人之腹

社交过程也是信息交流的过程，这个过程能促进人们更加了解对方，也是人们生存发展不可缺少的条件。以己推人有利有弊，能客观合理地“以己之心，度人之腹”，会更有利于促进人际关系发展。

一个人如果想要和别人建立良好的关系，就绝不能要求别人依照自己规定的模式做事，或处处寻求利益。解决人与人之间不愉快的一个有效方法就是去了解别人的心境。

一个男人每天早出晚归，而妻子天天待在家里不工作，这种状况使男人感到非常厌倦。他希望妻子能理解自己每天在外努力打拼的辛苦，于是便祷告：无所不能的主啊，我每天在外面辛辛苦苦赚钱，早出晚归，而我的妻子只是待在家里，我想让她明白我的辛苦，求您让我和她换一天身躯吧，请满足我的愿望。

第二天早上，他醒来发现自己真的是女人的身躯。他立刻起床，为家人准备早餐，把孩子们叫醒，为他们穿上衣服，一起吃完早餐后送他们去上学。回到家，又把要干洗的衣物送到干洗店，回来的路上还顺路去了银行，去超市为家里买些日用品和新鲜蔬果，到家后把吃喝的东西放进冰箱后，开始把当天的每一笔账都记好。

之后他又给家里的宠物喂食、洗澡、清理窝棚，忙完这些已经是下午1点钟了。接下来赶紧整理每个房间的床铺，洗衣服，把整个房子的地板全部清扫干净，又把所有家具擦得一尘不染。把家务忙完后又赶紧去接孩子，熨衣服，做晚饭，收拾厨房，督促孩子做功课，给孩子洗澡，哄孩子入睡。到了晚上9点已经累得不行了，然而他每天例行的工作还没结束，他还不能有任何的怨言。

第二天一大早醒来，他就祈祷：主啊，我真不知自己当初怎么想的，竟然嫉妒自己的妻子每天待在家里，求求你让我们的身躯再换回来吧。

主回答他：我的孩子，我想你已经吃到苦头了，我很愿意让一切恢复原来的样子。但是，你不得不再等上九个月，因为昨晚，你怀孕了……

每个人都有自己的职责，而要做一个称职、对得起自己岗位的人是很辛苦的。人不能总是抱怨自己是世界上最辛苦的人，没有人了解自己，其实别人和你一样辛苦。你应该学会换位思考，或许别人比你还要辛苦，只是你无法真正体会到，但从他们疲倦的身影中可以看出来。学会换位思考能更好地了解别人的处境，还能使自己的心境变得开朗，让自己和别人的生活如透明一般，减轻互相猜来猜去的负担。

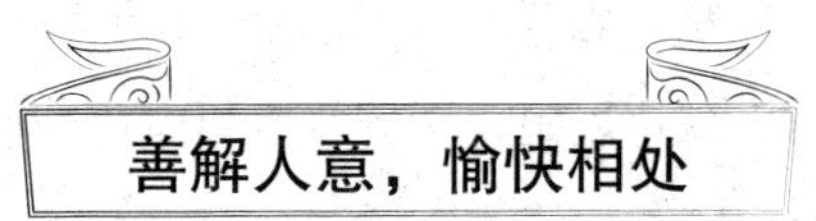

## 善解人意，愉快相处

人们在社会交往中必然会遇到各种各样的人或事，但应对人或事，首先应该有一种好的态度：善解人意。善解人意的基础就是相互沟通。在社会交往中，可能会存在一些人与人之间的隔阂、误会和矛盾，这些都会使人们相处得不愉快，而矛盾产生的原因就是人们之间缺乏沟通。语言是最直接的沟通工具，该说就尽情地说，如果太吝啬自己的语言，一些疙瘩结在心里就难解开，误解就会慢慢扩大。

善解人意就是对别人的意见和想法正确地理解，而不是想当然地去猜，甚至是曲解。每个人都有私心，都会从自己的利益出发去想问题，往往会把别人假想成自己的对手。曲解长期不澄清，就会造成更深的误会，甚至引发矛盾，产生不愉快，从而影响双方的感情。因此，善解人意对维持人际关系的和谐很重要。

善于洞悉别人的心境也是促进人与人之间和谐交往的前提条件，了解别人的心境，才会知道别人最需要什么，进而才能知其所需，投其所好。在别人最需要帮助的时候给他一些及时的帮助，会让别人感到更加温馨，对你感激不尽。当你需要别人帮助的时候，别人也必定会倾力相助。

在生活或工作中产生意见分歧时，争吵不是最好的解决办法。因为在争吵之后，往往还是各执己见，或者干脆冷战。例如，爱人之间在火药味浓烈的场景下用柔情来化解无谓的争吵，会收到更好的效果。柔情并不是一味地忍让和顺从，而是理解和包容人的一种度量。两个相爱的人出现矛盾时，往往会难以控制自己的情绪而“火山爆发”。如果这时候能想一想昔日另一半对你百般呵护和柔情蜜意，或者温柔地拥抱对方，就可以阻止一场恶语相向的口水大战，也不会因此影响两人之间的感情。

其实，善解人意不仅仅是在善待别人，还是在以最小的人情投资换取最大的人际回报。当然，要真正做到善解人意是很不容易的，只有不断用善念和正能量鞭策自己，才能使自己的思想境界一步步提高。

# 将心比心，才能交到好朋友

中国有句成语，叫做“将心比心”。《万善集》云：“物我一体，将心比心。”

“将心比心”是中华民族的传统美德，同样也是人性中最善良的一面。将心比心，顾名思义，也就是说要时刻记着，用自己的心去比照别人的心，进一步解释就是说无论遇到任何事，都要学会设身处地地替别人多着想。因此，也可以理解为是“己所不欲，勿施于人”。

## 将心比心，才能交到真朋友

人与人之间交往，其实简单地说就是心与心产生交集。人心都有善良的一面，我们应该相信人心向善，相信朋友。面对现实生活中这样或那样的人——好人，或者是坏人，应该如何对待呢？这就需要在沟通之时学会用心来交流，拿出自己最诚挚的那份爱，来交流彼此的心声。

有句俗话说："物以类聚，人以群分。"也就是说，一个人可以从自己朋友的身上看见自己的影子。朋友之间，或多或少都会有些利益的交织。但是不要时时刻刻都是以"利"字当头，这样是交不到朋友的。即使原本拥有着"朋友"的称谓，而本质上却早已经变质了，或者只能说是"利益伙伴"。真正的朋友，是要用心去交流的。

东汉末年，曹操和袁绍两大势力之间爆发了官渡之战。当时曹军远不如袁军强大，但袁绍却刚愎自用、不纳忠言，一再地错失用兵良机。曹操富有谋略，很善于用兵，战役最终以曹操的胜利告终。

打败袁绍以后，曹军将士在袁军的帐篷里搜出了一些信件，没有想到却是曹操手下的一些文官武将与袁绍暗中勾结、示好献媚的信件。有人愤慨地向曹操建议，应该把这些写信的人全都抓起来杀掉。可是，曹操思索了片刻，坚决不同意这样做。他说："袁绍的力量在那时的确十分强大，其实我自己都感觉难以自保，又有什么理由去责怪这些人呢？如果我处在他们的位置上，当时也会这么做的。"于是，曹操下令把信件全部秘密烧掉，而对写信的人也一概不予追究。原本那些惶恐不安害怕掉脑袋的人，一下子都放心了，从此这些人对曹操更加忠心耿耿了。

曹操这种将心比心的为人处世态度，为他赢得了人心，誓死追随他的人也越来越多。就这样，曹操的力量越来越强大，手下能人层出不穷，他很快打败了诸多割据一方的诸侯，统一了中原地区。

人生在世，亦有得势，亦有失势；有时得意，有时失意；时而走运，时而倒霉。面对失势、失意或者是倒霉的时候，一定不要只是一味地抱怨别人对自己不好，而是要积蓄力量，想方设法使自己强大起来。这样即使那些原来对你冷淡的人，到最后也仍然会扭转态度。即便是在得意或者是在走运的时候，同样也不要把所有的人都当成好朋友。要记着随时保持自己头脑清醒，明白有些人对你好，其实并不是发自内心，或许只是看中了你对他有利或者是在某些方面用得着。要提醒自己慎重，随时提防着某些别有用心的人，避免他们对自己落井下石。

无论是做人还是做事，很多人能够做得很好。他们之所以能够做得好，正是在很多方面都能做到将心比心，设身处地地站在别人的立场上思考问题。不管是领导别人还是被人领导，他们的事业都会是极其成功并且快乐的。

在朋友圈子中，我们所说的“知心人”，很多方面其实也是将心比心，把对方的事当做是自己的事来做，这种朋友关系是没有私心的，与这样的人相处，才能更好地互相鼓励，彼此信任。

第四章

# 一边做人，一边交人

做人实际上就是在交人。广交朋友，才能在人生的大舞台上占有一席之地。

# 谈吐幽默，收获良多

幽默是一种特殊的情绪表现。在人类面临困境时，幽默是摆脱困境的方法之一，也是帮助人更好地适应环境的良方。在社会交往中，你只要善用幽默，许多难以解决的难题都能迎刃而解。幽默是人际关系的润滑剂。每个人都要学会幽默，只有多一点幽默，才会少一点偏执；只有多一点快乐，才会少一点悲伤。幽默也可以使你在社交活动中走得更加顺畅。

## 幽默是智慧的表现

幽默是智慧的表现，幽默不仅可以让人淡化消极情绪，还可以使人在交际中如鱼得水。所以，那些具有幽默感的人的生活也充满了情趣。

在许多人看来，幽默一件很痛苦、很烦恼的事，但在乐观的人看来是可以轻松自如地应对。用幽默来解决烦恼和矛盾，会使人感到和谐愉快。所以，我们每个人都要让自己多一点幽默，因为幽默可以使你活得更加精彩，更加有情趣。

如果你希望有所成就，希望引人注目，希望社交顺畅，那你就一定要学会幽默。幽默堪称是一座人们彼此沟通心灵的桥梁，可以拉近人与人之间的距离，幽默的人是最有人情味的。与幽默的人相处，每个人都会感到快乐。

美国前总统林肯就是一个非常幽默的人。我们知道，林肯的容貌很难看，是他讨人喜欢的一个障碍，但他却能够很好地利用这一缺陷。一次，他的竞选对手抨击他是两面派。林肯没有生气，反而平和地说："现在，让听众来评评看，要是我有另一副面孔的话，您认为我会戴这副难看的面孔吗？"

林肯用幽默表达了自己的态度，也体现了他的真诚态度，使他更为选民们理解和尊重。

可见，幽默也是一种智慧。它可以使激化的矛盾变得缓和，可以避免再现令人难堪的局面；它可以化解双方对立的情绪，可以使问题得到有效解决。

有一次，美国前总统里根在白宫钢琴演奏会上讲话时，他的夫人南希不小心连人带椅跌倒在台下的地毯上。正在讲话的里根看到夫人没有受伤，便放下心来，然后就插入了一句俏皮话："亲爱的，我告诉过你，只有在我没有获得掌声的时候，你才应当这样表演。"

台下立即响起了一片热烈的掌声。

里根的幽默让尴尬的局面消解，他用幽默显露出了他的才智，因此还拉近了和观众的距离。

实际上做人就是交人，我们要学会打破中规中矩的外壳，以幽默的力量主动与人交往，通过幽默让别人感受到你的诚意和善意。

在日常生活中，如果总是以严肃、例行公事的态度与人交往的话，往往会给人一种“知人知面不知心”的感觉，这样只会使人敬而远之。没有心灵沟通，人与人之间的交往就不能算是成功。幽默能够让人们看到你的另一面——真实、人性、淳朴的一面，这是人性的共同之处。人是感性动物，如果你能让人感觉出你的诚意、你的善意，相信每个人都会乐于与你交往。因为幽默会使人感到快乐和真诚。

幽默可以使他人认同你、喜欢你。一个心地狭窄、思想颓废的人是不会有幽默的。幽默永远都属于那些心胸开阔的人，属于那些热爱生活的强者。

幽默的谈吐是建立在说话者思想健康、情趣高尚的基础上的，当然，这还需要说话者有较高的思想境界和较高的涵养。

## 幽默是人际交往的润滑剂

有一位名人曾说：“浮躁难以幽默，装腔作势难以幽默，钻牛角尖难以幽默，捉襟见肘难以幽默，迟钝笨拙难以幽默，只有从容、平等待人、超脱、游刃有余、聪明透彻才能幽默。”如果你真正了解了“幽默”的含义，就从现在开始做一个懂得幽默的人吧！

幽默是社交活动的润滑剂，也是宽容的体现。只有懂得体谅别人的人才有望让别人体谅你，幽默在这其中起着重要的作用。学会幽默，就要学会宽容大度，不斤斤计较。同时还要学会乐观，因为乐观是幽默最亲密的朋友。

美国幽默作家霍尔摩斯由于身材矮小，时常成为朋友们取笑的对象。一次，他出席一个会议，就遇到了这样一件事："霍尔摩斯先生，你站在我们中间，是否有鹤立鸡群的感觉？"一位朋友脱口而出。霍尔摩斯反驳了他一句："我觉得我像一堆便士里的铸币。铸币面值10便士，但比便士体积小。"他以自我解嘲的方法化解了自己的尴尬处境，也很好地回击了对方。

曾任美国总统的罗斯福年轻时的体力比不上常人。有一次，他和一队人到一个地方去伐树。晚上休息时，他们的领队询问白天每人伐树的成绩，同伴中有人答道："塔尔砍倒53棵，我砍倒49颗，罗斯福使劲咬断了17棵。"

如果这句话说在其他人身上，想必早就强烈地发起反击了，但罗斯福没有，因为他想到自己砍树的数量确实和老鼠造巢时咬断的树根一样少，所以他微笑着默认了。

从这两则小故事中我们可以看出智者的幽默。其实在日常生活中，偶尔拿自己开开玩笑也是一种不错的交际方法，这样你可以为自己铺下友谊之路。

林语堂曾说："智慧的价值，就是教人笑自己。"有时候，偶尔拿自己开开玩笑，则可以让更多的人愿意和你交往，而且具有幽默色彩的欢笑是你与别人进行内心沟通的捷径。

幽默是感情沟通的桥梁，可以在社交活动中增加人与人之间的信任感，化解冲突。幽默是解决问题和矛盾的上佳办法。一句得体的幽默话，可以使感情冲突瞬间化为乌有。可见，幽默是一种富有感染力和人情味的沟通艺术。其实在生活中，我们每个人都可以变得幽默一些，幽默感不是天才、高智商者、喜剧演员的专利，只要你学着保持乐观的心态，让嘴角微微往上翘，换个新的角度欣赏事物，你就能变得幽默，在很多场合使自己走出尴尬的僵局。

只有正确地认识自己，保持一种愉悦向上的好心情，才能在社交中游刃有余。只有主动去交际，才有助于缓解工作中的压力。在社交中，只有与人为善，主动帮助他人，才能从中获得乐趣。在社交中掌握好幽默的技巧，才能巧妙地应付各种突发的局面。

好好地生活，学会幽默，保持乐观，你的人生就会改变，你的生活就会快乐。

# 善待他人，就等于善待自己

俗话说：“帮人就是帮自己，善待他人就等于善待自己。”

在生活中，人与人之间的交往是必不可少的，只有交往你才会和别人有合作。在当今的这个需要双赢的合作时代中，人与人之间是一种协作关系，所以，只有做到善待别人、善意地帮助别人，才能收获良好的人际关系。

## 照亮他人，方便自己

在现实生活中，有时一个简单动作就能使你赢得别人的爱与尊重。可以说，爱别人就是爱自己，善待别人就是善待自己。当然，善待他人包含的内容很多，其中有学会理解、尊重、宽容、关心、帮助他人，等等。

那是一个漆黑的夜晚，一个人提着一盏灯笼走在街上。一个路人迎面走来，他以为那提灯笼的人会给他让路的，可是当他走到提灯笼的人的身边，才知道原来那个人是双目失明的。出于好心，他便问：“你是一个盲人，打着灯笼有什么用啊！这不是白费蜡烛吗？”

“不。我没有白费，因为我在为别人照亮。”盲人回答道。

“你还真高尚啊！”路人顿生敬意。

“这与高尚无关，我只是想要帮助别人，也帮助自己而已。因为我是瞎子，我看不到迎面而来的人，我打着灯笼，就可以为别人照亮道路，别人就不会撞到我了，这样我不只帮了别人，还帮了自己。这支蜡烛一点也没浪费，不是吗？”

“是啊！那你走路小心。”路人离开了。

这个小故事告诉我们——帮助别人也是在帮助自己。人与人之间是需要尊重、理解、宽容、关心和帮助的。在日常生活中，你的一声“谢谢”、一句问候的话、一句道歉的话、一个微笑，都将给他人心中带来温暖，带来希望，仿佛生活充满友爱，充满阳光。请学会善待他人，学会善待自己吧！只有这样，你才能真正地快乐，你的人际关系才能变得更加和谐。

善待他人最重要的原则就是“己所不欲，勿施于人”。用自己的遭遇对比别人的遭遇，用自己的心境看待别人的心境。有位哲人曾经说：“人生的每一次付出就像对着空谷喊话，你没有必要期待要谁听到，但那绵长悠远的回音就是生活对你的最好回报。”

一个善待他人、助人为乐的人，在成功的道路上更容易得到他人的认同和帮助。然而，一个自私自利、斤斤计较的人，就算一时受人帮助，总有一天也会成为孤家寡人。

## 付出爱的同时也在收获爱

有句歌词说得好：只要人人都献出一点爱，世界将变成美好的人间。的确，在给予别人爱的同时，自己也会收获来自别人的爱，人与人之间才变得更加美好、和谐。

在现实生活中，那些善解人意的人往往能宽宏大量，能以一颗包容、理解、友好的心去善待身边的每一个人。

有人说，“良好的人际关系不是物质换来的”，而是用“心”交流出来的。这句话不正是告诉我们，在与人交往时，每个人都要以诚相待，以心灵纯净为准则吗？我们同在一片天地中生活，何不把这宽厚待人的美德留给人间呢？如果每个人都能以真心爱人，那么，人间就是天堂。

有一位女士的家境非常富裕，而且人长得也非常漂亮，但是她从来就不快乐，因为她没有一个可以谈心的朋友。于是她便去请教一位禅师。

“禅师，我为什么不开心？我怎么做才有魅力，才能让别人喜欢？”女士很苦恼地问。

禅师告诉她：“你在与人交往合作的时候，如果能拥有慈悲的胸怀，讲些禅话，听些禅音，做些禅事，那你就会赢得人们的好感。

“那禅话该怎么讲呢？”女士问。

“就是说欢喜的话，说真实的话，说谦虚的话，说利人的话。”

禅师回答。

“禅音怎么听？”女士又问。

“化一切声音为美好的声音。把辱骂的声音转为慈悲的声音，把诽谤的声音转为帮助的声音，那就是禅音了。”

“禅事怎么做呢？”

“禅事就是布施的事，慈善的事，服务的事，合乎礼法的事。”

“那禅心是指什么心呢？”

“禅心就是你我一样的心，就是平等的心，包容一切的心，普度众生的心。”

女士听完禅师一番话后，认真反省自己渐渐改变了她以前的娇气，也不再夸耀自己的财富了，对人总是谦恭有理，对家属体恤关怀，亲朋好友们都称她为“颇具魅力的人”！

其实，想要别人尊重你、喜欢你，就是这么简单。我们要懂得“以心换心”、“以情换情”的道理，要懂得有奉献才有回报、有付出才有收获的道理。在你给予别人爱的同时，你也可以获得别人的爱。

一个人正直善良，坦诚、真心待人，那才是受人欢迎的开始。如果自私自利、弄虚作假，用不了多久，人们就会疏远你，甚至厌恶你。在生活中，这些活生生的例子屡见不鲜。像那种“人前说一套，人后做一套”的人真的很可悲，因为他不懂得真心，不懂得诚意。有句话说得好：“没有嫣然绽开的花蕾，便没有四季可人的温馨，没有潺潺流过心田的微笑，便没有人生的快慰。”

世界的美好不仅来自人类创造的文明世界，更源于人类真诚善良的内心。大海包容江河，蓝天包容云彩，土地包容种子。为何不用一颗仁爱之心、包容之心去包容身边的一切呢？

让我们以一颗真诚的心去理解，以宽容的心去包容，以善良的心去化解，以热情的心去感动，架起人与人之间心灵沟通的彩虹桥。只有这样，世界才会更加美丽，生活才会更加精彩，人生才会更加美好。

# 3 随时准备展现自己

每个人都有自己的独特之处，在与人交往的过程中，多表现自己才能得到人们关注，才谈得上进一步建立更多的人脉。

恩格斯曾说过："发展和表现自己是生活的基本需要之一。"由此可见，人只有不断地总结经验、发现自己、表现自己，才能不断地进步。其实每个人都很优秀，只是有的人不懂得表现自己而已。

## 让周围人看到自己

交友首先要学会表现自己，让周围人看到你。如果将你置于川流不息的人群中，如何让朋友一眼便认得出？很简单！有自己的特色，在人前表现出独特的一面，给人留下深刻的印象，自然就能让周围的人注意到你。

如何在交友的过程中恰到好处地表现自己呢？首先，要准确地了解别人的期望，尊重他人，尊重自己。在交往的过程中，对方会对你有一定的期望，当对方的期望通过你的言行实现时，情感上便会有愉快的感受。反之，对方便会不高兴，甚至产生抵触情绪。如果你保守地以为“深藏不露”才是最好的选择，那就陷入一种误区了，说不定还会因此而失去很多交友的大好机会。

现代人对交友的要求越来越高，每个人都希望自己能跻身优秀者行列，一则提高自身素质，二则为以后的人生道路做铺垫。“人往高处走，水往低处流”，人们都在争抢着与有才能者结识，而这时的你还希望以含蓄的方式让周围人接受，就会白白错失机会。

在通常情况下，最容易让人们接受的交友方式就是以幽默开头，比如讲个小笑话，做一个比较滑稽的动作等，都能让对方卸下心理防范，逐渐接纳你。另外，在与人谈话的过程中，要表现出自己的风格，但也要不失礼貌，尊重对方的观点。

小李是公司业务部的一名业务员，工作中必须要做的事情就是找老客户聊天喝茶，拉近感情。在职场摸爬多年的他已经深知人际关系的重要作用，他的很多新客户也都是经老客户推荐才得来的。

这天，小李在和一位老客户喝茶的过程中，得知对方一位朋友有意购买自己公司的产品，便顺藤摸瓜地聊了起来。后来，经这位老客户引荐，小李结识了这位新客户。但在交谈的过程中，对方在价钱方面显得有些犹豫。小李看出对方的心思，就顺着话题谈了未来的市场和公司的发展方向。小李几乎搜刮了肚子里所有的知识和掌握的词汇量，和客户谈天说地，终于是把这笔生意做成了。

后来，这位新客户也成了小李众多老客户中的一位。当他谈起第一次对小李的印象时，不禁夸口：“小伙子不仅业务做得好，还是个极有知识、有远见的人。”

其实，工作开展得好坏，与人脉有着密切的关系，而人脉好坏要看一个人待人接物的方式。主动表现自己就能让对方看到你的优点，才谈上对你产生好感。

## 自信心能为你的表现加分

表现自己的最大障碍就是自卑心理。自卑心理容易使你一直碌碌无为，严重影响你的生活。当你有决定、有取舍的时候，它会抹杀你的勇气和胆略；当你遇到困难和挫折的时候，它会让你退却和躲避；当你想要大步向前的时候，它会告诉你：前面有地雷，不要去。人的生命有限，如果因为外界的顾虑太多而不敢去做一些事情，那还谈什么理想？如果每次所做的决定都被自卑降伏，又怎么可能走出精彩的人生？

因为自卑，你失去了太多的机会；因为自卑，你失去了心仪已久的异性；因为自卑，你失去了与聪明人交流的机会。这些本来都可以为你带来乐趣的事情，却被你自己变得难堪无助。

只有突破自卑心理这道坎，才能走出精彩的人生。因为自卑心理使你否定了自己的一切，你会觉得自己一无是处。自卑心理就像蛀虫一样吞噬着你的人生，是你走向成功的绊脚石，是快乐生活的拦路虎。你的心态逐渐变得消沉，低估自己的形象、能力和品质，身边的朋友也会逐渐离你而去，因为在你身上没有年轻人该有的朝气，没有现代人拼搏上进的冲劲儿。

人们希望自己身边的朋友都乐观向上，敢想敢做，谁都不愿和一个不自信的人深交。作为公司，更不会重用一个缺乏自信的员工。

小丽是80后的女孩，大学毕业后，就马不停蹄地参加很多招聘会。通过参加招聘会，她领悟到一个道理：自信心是求职最重要的砝码。之所以这么讲，是因为她的第一份工作，就是在拥挤的招聘会上以极其自信的表现吸引了主考官，给了她面试的机会，从而求职成功的。

那是8月的一个周六，正值毕业生求职的高峰期，人才招聘会上人头攒动，每个招聘台前都挤满了应聘者。小丽踮着脚努力地透过人缝看每个展台的招聘信息，看到合适的工作时也挤上前投简历，希望能与招聘人员一谈。但应聘的人太多了，对方当然没时间也没精力与小丽谈，甚至不看小丽一眼，只说了一句："放下简历吧，随后我们会与你联系。"

这时小丽在一家公司的展台前停了下来，那家公司在招聘行政助理。小丽没有工作经验，没有任何优势，有的只是自信心，坚信自己能胜任这份文职工作。于是，小丽决定投出一份简历。

这家公司的展台前也一样挤满了应聘者，小丽定了定神，把手伸过前面应聘者的头，将一份简历隔空递上去，朗声说道："您好，这是我的简历，请您过目。"不知是因为小丽响亮的声音还是因为那"横空而出"的简历吸引了主考官，总之，主考官抬起了头，并朝小丽的方向看来。由于距离甚远，小丽无法与主考官交谈，只是坚定回望了他一眼，就转身离开了展台。在转身的那一刹那，小丽看到了主考官赞许的眼神。

在回家的路上，小丽想，这家公司肯定会通知我面试的。我对自己很有信心，当时的表现，主考官已经留意我了，他肯定会从上百份简历中关注我的简历。

小丽果然接到了面试通知，也如愿以偿进入了这家公司。后来，在一次闲聊中，小丽的领导，也就是当时的主考官，跟小丽说："当时，看你很有信心，在那些拥挤的人中，显得有些鹤立鸡群……"

小丽笑着说："那是因为我个子高吧？"

虽然嘴上这么说，但小丽心里很清楚，她得到了这份工作，是因为在招聘会上的那份自信。那种因自信而来的气质，给主考官留下了非常深的第一印象。

小丽牢牢地抓住了机会，并且在工作中通过自己的努力做到了人力资源主管的位置。小丽现在也经常去面试毕业生，每每看到自信的求职者，自己当初面试的那一幕就会浮现在眼前。

其实，每个人都有自身的特色，大胆地表现出来，你就是最优秀的。所以，对于自卑的人来说，要相信自己，并时常用"我真棒"、"我能行"之类的话激励自己。只有主动突破自卑的关口，你才能走出精彩的人生，身边的朋友也才会越来越多。

# 付出真爱，你能温暖整个世界

在人生中，每个人都可能遇到意外的灾难和挫折，自然希望得到别人的援助。但请别忘了，若想让别人帮助你，首先要学会帮助他人，这是“付出才有回报”的道理。所以，请不要吝啬你的爱，试着伸出援手，帮助那些需要帮助的人，你会因此而收获很多朋友。

## 爱心会使你获得好人缘

在日常生活中，我们能够感动他人，同时也被他人所感动。多一份爱，世界就会多一份“精彩”；多一份“感动”，生活就会多一份“幸福”。

其实“感动”就在我们的身边，当你累的时候，家人为你削一个苹果，这就是“感动”；当你沮丧的时候，朋友的一句问候也是一种“感动”。当医生微笑着对病人说：“安心治疗吧，你的病会好起来的。”病人便会深受感动。也许他患的是绝症，也许他真的就要走到人生的终点，但因为这种鼓励、这份感动，他会坚持下去，哪怕是走到生命的最后一分钟，他也会怀着乐观的心情坦然面对。

这就是爱的力量，同样也是你获得认可的方式。真心付出，向那些需要帮助的人伸出援手，哪怕只是简单一句话，都将成为你们之间的心灵相通的桥梁。

生活中少不了爱，因为有爱，人们才能组建幸福的家庭；因为有爱，天南地北的人才能聚在一起；因为有爱，人们在遇到困境的时候，才不会感到寂寞无助……坦诚面对你身边的朋友，彼此真心相待，才能交到真正的朋友。

朋友之间相互帮助，在别人遇到困难的时候，主动伸出援手，对方就会在内心感激你，进而增进友谊。邻里之间相互帮助，不仅能促进生活和谐，还能为日常生活行方便。帮助陌生人，除了能让你感受到助人为乐的喜悦感外，还能让你多交一个朋友。

交朋友其实并不复杂，一个简单的微笑，一句温馨的祝辞，都会成为增进感情的润滑剂，只要你愿意付出爱心，就能够收获友谊。

## 敞开心扉，更容易交到好朋友

在生活中，很多人不是没有朋友，而是他们将自己封闭起来，没有时间或精力去接触外界，以至于生活在自己狭小的空间里。其实，生活本是很美好的事情，如果我们都能敞开心扉，主动进入别人的世界里，分享对方的快乐，分担对方的痛苦，那么，生活将回馈给我们更多的甜蜜和幸福。

从前，有一个叫丽萨的姑娘一直都不快乐，每天都在唉声叹气，因为她认定她的理想永远也实现不了。她的理想和每一个妙龄女孩的梦想一样，就是找一个英俊潇洒的白马王子结婚。但她认为，这个梦想离她自己很遥远。

一直生活在痛苦中的丽萨找了一位心理学家。在她进入心理学家的办公室后，丽萨与心理学家握手。握着丽萨冰凉的小手，心理学家的心都颤抖了。他打量着丽萨：她眼神呆滞无光，近乎绝望，讲话的声音也像从遥远的黑暗处飘出来似的。

心理学家请丽萨坐下，并与她亲切交谈。许久以后，心理学家明白了丽萨的想法，并对她说："丽萨，我有办法，但你必须按照我说的去做。明天你去买一套衣服，但你不能挑，要让店员帮你挑；你再做一下头发，同样，你不能决定，要听理发师的，因为别人的意见总是有益处的。另外，我周日要组织一个晚会，请你来参加。"

丽萨摇摇头，表示不想去参加晚会。

心理学家理解地点点头，并说："丽萨，你是不是觉得参加晚会，会不愉快？不过我是想请你来帮忙的，因为参加晚会的人很多，服务的人手也不太够，而且来的人互相认识的也不多，你来晚会上帮我照顾客人好吗？你不能像根电线杆一般站在那里不动，你要留心帮助别人，当你看到有年轻人孤孤单单时，就要主动上前问好，也就是代表我向客人们问好，好吗？"

丽萨很是不安，因为她从来没有参加过这样的晚会。心理学家继续说："人都到齐了，那么你看看还能帮助客人做些什么，比如：要是太闷热了，就去开窗；谁还没有咖啡，就端一杯。丽萨，这样你就帮我大忙了，可以吗？"

丽萨最终同意了。到周日这天，丽萨衣衫亮丽、发式得体地来到了晚会上，她按照心理学家的要求去招待客人。她眼神活泼，笑容可掬，成了晚会上大家都喜欢的人。

散会时，同时有三个青年说要送她回家。就这样，一天又一天，一月又一月，这三个青年都热烈追求着丽萨，最后丽萨选定了其中的一位，如愿以偿地成了幸福的新娘。

丽萨的变化让她获得了新的生命，她不仅找到了自己的终生伴侣，还收获了一份心灵的盛宴。但是这并不是在夸赞心理学家多么伟大，创造出了丰凡的奇迹，因为丽萨的变化完全是靠自己努力实现。她的心底始终存在一份爱，是爱心吸引了周围的人，让她收获了幸福。

在这个世界上，人们因为爱心而相识、相知，因为爱心的吸引力成就了一个又一个幸福美满的家庭，因为爱心而铸造了坚固的友谊……

爱是伟大的，只要你愿意真心付出，就更容易获得好人缘。

# 向别人微笑的同时，也收获了对方的微笑

一个不会微笑的人永远不懂得快乐，一个不会微笑的人永远得不到别人的微笑。微笑是每个人天生的表情，把微笑送给别人，别人也会报以微笑；把微笑送给自己，也能得到一份豁达的心态。

微笑是人性化的体现。在人际交往中，微笑已经越来越被人们尊崇和提倡。把微笑送给别人，把快乐留给自己，你收获的是充足的人脉。

## 不要把微笑藏起来

笑是纯真心灵的自然流露，只要你把嘴角微微翘起，就能缩短人与人之间的距离，就能化解人与人之间的矛盾，生活中没有谁会拒绝微笑。遇到老师时，可以微笑地说一声：“老师好！”这是尊敬的微笑。看到同学遭遇失败时，可以微笑着说：“别灰心，下次一定会成功！”这是鼓励的微笑。与同事发生矛盾时，可以笑着说一声：“对

不起！”这是化解矛盾的微笑。与陌生人相处时，可以送给他们一个微笑，这是拉近距离的微笑。不要不信微笑会有那么大的力量。请不要把微笑藏起来，学会微笑，你会得到更多。

微笑是快乐的杠杆，是社交的润滑剂，是幸福生活的源泉。不要把微笑藏起来，而是想方设法地让别人快乐，你才会不断地享受到快乐。请绽放出你甜美的微笑，你会发现，原来人生可以这么美好，生活可以这么和谐，世界也可以这么温馨。为了这些美好，请不要吝啬你的微笑。

从前有一个怪脾气的老人吉森先生，他家的院子里栽了好多果树，而且果子是全镇最好的。但是那些果子摘不得，就算掉在地上也不能去捡，因为吉森先生每时每刻都在大门口盯着，只要你敢去，他就会拿着扫把将你赶走。

一天下午，13岁的小姑娘露丝打算到好朋友玛丽家过周末。去玛丽家必须经过吉森先生的家门口。当露丝和玛丽走到吉森家附近的时候，露丝看到吉森先生在门口坐着，就建议绕道走。玛丽说吉森先生不会伤害任何人的。露丝却很害怕，每走近吉森先生一步，她的心跳就会加快。当她们走到吉森先生的门前时，吉森先生下意识地抬起头来，像往常一样紧锁眉头，注视着眼前的不速之客。当他看到是玛丽时，他原本紧绷的脸顿时绽开了灿烂的笑容。“哦，你好啊，玛丽！今天有位小朋友和你一起走啊！”他说。

“嗯！吉森先生好！”玛丽露开甜美的笑容回答。然后他们就开始聊了起来，玛丽告诉吉森她们将一起听音乐、玩游戏。吉森先生听了很高兴，还送给她们每人一个刚从树上摘下来的果子。两个小姑娘接过又大又红的果子，心里乐开了花。

“吉森先生的果子真不愧是全镇最好的。”两个小姑娘真心地夸奖。

和吉森先生告别后，玛丽解释说，她第一次从吉森先生家的门前经过的时候，他就像人们传说的那样，一点儿也不友好，让她感到非常害怕。但是，她假想装他是面带微笑的，只不过那微笑隐藏起来了，别人看不见而已。所以，只要看到吉森先生，玛丽都会对他报以微笑。终于有一天，吉森先生也对玛丽报以一丝微笑。又过了一段时间，吉森先生真的开始对玛丽微笑了，那是一种发自内心的笑容，不仅如此，吉森先生还开始和玛丽说话了。随着时间推移，他们谈的话也就越来越多了。

“隐藏起来的微笑？”听完玛丽的话，露丝很惊讶。

“是的。我奶奶曾经告诉过我，所有人都会微笑，只不过有些人的笑容隐藏起来了而已。因此，我对吉森先生微笑，吉森先生也会对我微笑。微笑是可以互相感染的。”玛丽欢快地说着。

“嗯！”两个小姑娘踏着轻快的脚步回家了。

微笑可以拉近人们之间的距离，微笑是最好的交流工具，也是友谊的桥梁。微笑不仅可以协调人与人之间的关系，还可以营造快乐的气氛。不要再把微笑隐藏起来，试着把嘴角微微地翘起，把微笑带给别人，也送给自己吧！

## 向对手微笑

微笑送给亲人或朋友，是理所当然的。但是，要把微笑送给曾经伤害过你的人，就不是那么容易了。虽然当时内心或多或少会不舒服，但能从中收获一份“骄傲”，获得一份“豁达”，甚至还能化解长久积压的夙怨，从此少了一个对手，多了一个朋友。

把微笑送给那些曾经伤害过我们的人，因为他磨炼了我们的心志，铸造了我们的灵魂；把微笑送给绊倒过我们的人，因为他们强化了我们的双脚；把微笑送给曾经欺骗过我们的人，因为他们增进了我们的智慧；把微笑送给曾经藐视过我们的人，因为他们唤醒了我们的自尊心；把微笑送给曾经鞭打过我们的人，因为他们激发了我们的斗志；把微笑送给曾经中伤过我们的人，因为他们砥砺了我们的人格；把微笑送给曾经遗弃过我们的人，因为他们让我们学会了独立；把微笑送给曾经有负于我们的人，因为他们让我们懂得了什么才是真正的爱。

向身边的人微笑吧，把这样的温暖和幸福传染给身边的每一个人，以此化解之前的种种矛盾。

感情需要长时间培养。在与人交往的过程中，时时都将微笑挂在嘴角，会让对方放下防备心理，更容易相处。如果你的人际关系出现了危机，那么微笑将成为治疗这一裂痕的良药，充分运用，能收获良效。

人与人之间的感情须在日积月累中磨炼，不要等到感情破裂之际才意识到微笑的作用，而是要在平时就养成对人微笑的习惯，将最温暖、最美丽的笑脸呈现给身边的每个人。慢慢地，你的身边朋友会越聚越多，对手越来越少，人脉会越来越广……

# 放下头衔，人人平等

人与人之间应当是平等交往的，不会因为你有钱，或者是一个总经理，就比别人高一等。金钱和权势只是人在所处环境中的辅助条件罢了，但在精神层面里，每个人都是平等的。如果你一直将自己放在高高在上的位置，就不会有人愿意和你真心成为朋友。

## 平等，才能建立感情

交友需要良好的心态，拥有良好的心态，才有助于与周围的人更好地交往。在现实生活中，很多人都在追求金钱、权势、地位，结交事业上的成功者，而那些没钱没权的人就被冷落到小角落里了。这样的交友理念是有失偏颇的。如果人们都只是一心想结交比自己地位高的人，那么想必这些地位高的人心里也存在同样的想法，因而拒绝与地位没自己高的人交往。如此一来，人们之间的隔阂也就越来越大，更不可能出现相互团结、相互合作的局面。

李嘉诚是华人世界的首富，更是许多华商的偶像。一次，他在会见企业界的20多个新人时出现的一幕，令在场的每一位都深感亲切。

按照人们的普通思维，像李嘉诚这样的大人物，在宴会上一般都是等大家都入席后才会隆重登场，再礼节性地致辞后，落座在主餐桌，当天企业界20多人中名气相对大一些的人会坐在他左右，而其余的人在其他餐桌落座。宴席开始后不久，李嘉诚便可以款款离去。如果是这样的情形，相信不会有人责怪他，因为他是人们心中的大人物。

但是，令人惊讶的是，当人们来到宴会厅门口的时候，李嘉诚先生已经在门口等候了，然后给每人发了一张名片。这已出乎所有人的意料——李嘉诚先生的身价和地位是不需要名片的，但他像做小买卖一样给每个人都发名片。发过名片后，在场的每人又抽了个签，签上的号就是和李嘉诚一起拍照站的位置。否则，一些不出名的人一定会被挤到后排。

拍照之后，就开始入座了，但这位置怎么安排呢？还是抽签决定。在宴会中，李嘉诚在每个桌子上都坐了15分钟，总共四桌，正好一个小时。可以说，把每个人都照顾到了。

临走的时候，李嘉诚坚持与在场的每个人握手告别，包括服务人员。

与人交往，最重要的一点就是平等相处，让对方感受到被尊重，这样的关系才能维持长久。我们经常在生活中看到一些人一旦事业偶有所成，表现出的强势态度就会让人不舒服，会让人感到有压力或自卑。他的言论会让人感到渺小，他的财富会让人感到厌恶，他的自我意识终会害了他自己。像李嘉诚这样追求无我的表现，展现的就是一种平等的生活态度，是一种高尚的人生境界，这样的人怎能让人不钦佩。

## 放下头衔

头衔是身份和地位的象征。头衔，是每个人都想得到的光环，只是表面的光环，并不能代表内心一定欢愉。在日常工作中，拥有头衔的人并不在少数，但真正快乐的又有几人？其实人与人之间是平等的，只不过头衔的存在打破了这种平等关系。

放下头衔，你就能找回失去的人脉。懂得放下，才能得到别人的认同，才不会被孤立起来。那些因拥有头衔而骄傲自满的人，只会使朋友、同事渐渐疏远，最终变成孤家寡人。

王斌原来是某公司业务部的业务精英，由于业绩突出，被提拔为业务部经理助理。在他还没有成为助理之前，和部门的每位同事都相处得非常融洽，但不知道为什么，原本友好的同事在他升职后渐渐成了相当冷淡的人。他感觉自己被孤立了，多次想逃离这个群体，就向经理提出辞职。经理询问原因，王斌说："我并不适合经理助理这个职位，做业务员的时候我觉得自己生活得很充实，每天做做业务，和朋友、同事们相处得非常友好，可是当我升到了这个职位后，原本很好的朋友、同事都变得很冷淡，这种感觉很不好。"

经理听后劝说："你不知有多少人都在窥视着这个职位，我之所以提拔你，并不是单纯因为你业绩好，而是你与人接触时的那股热心。其实，我做到现在这个职位之前与同事相处得也非常融洽，但是后来他们渐渐远离了我，我根本不知道为什么，总感觉自己很累，就像现在的你一样。后来我才发现，最大的原因就是这个头衔，这个头衔不仅让我很累，也让那些跟随我的人很累。因为那时我不懂得放下头衔，总是以一种高人一等的姿态与人相处，最终成为了被孤立的人。当我明白的时候，那些老部下都已经离开了。所以，小王，你现在发现还不晚，把你的头衔放下，以最平等的心态与他们相处，相信他们会再次接纳你的。”

王斌恍然大悟道：“原来头衔也是一种交往障碍。既然如此，我就放下这个头衔，用最真诚的态度与他们相处！”

王斌心情轻松了许多。从此以后，他在同事面前还是原来的他，没有因为身为经理助理而骄傲自满，于是，他获得了更多的同事的理解和尊重。

头衔对每个人来说都是一个无比荣耀的光环，每个人都想拥有，但是太过耀眼反而会使自己孤立，这就是所谓的“高处不胜寒”。在很多情况下，人们一旦上了台就不愿再下台，甚至还想走上更高的台阶，不管自己能否胜任，都想紧紧地抓住那个头衔。其实头衔并不像我们想得那么美好。的确，头衔能让人得到更多的金钱回报，可以使人成为被羡慕的对象。但你是否想过，头衔也是一种责任，你拥有多高的头衔就要担负多大的责任。其实有时候，适时地放下头衔和身段，可以让自己更加闲适、自在。

第五章

# 好人气来自日积月累的投资

投资人气不一定非要借助金钱，让对方感受到“雪中送炭”的情意，同样可以以德服人。

# 不要吝惜赞美的言语

他人的赞美，往往会激发听者的自豪感，从中了解自己的优点和长处，认识自身的价值，每个人内心深处最持久、最深层的渴望便是对赞美的渴望。因此，赞美是一种成本最低、回报最高的社交法宝。

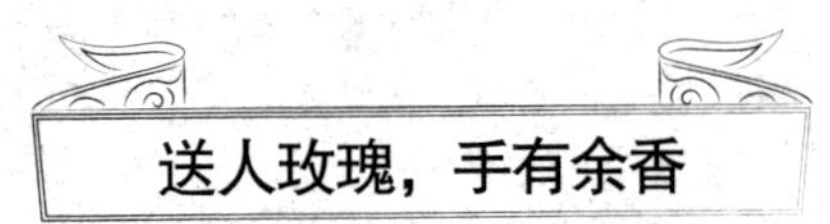

## 送人玫瑰，手有余香

在生活中，有很多人并不习惯赞美别人。有些人可能是真的不善言辞，而有些人只是不屑于这么做，感觉这样会很“掉价”，或者认为这样做很虚伪。其实不然。爱听赞美话是人们出于自尊的需要，是渴求上进，寻求理解、支持与鼓励的表现，是一种正常的心理需求。

生活中每个人都有自己的闪光点，当人的闪光点被别人认可时，自己就会努力将那些闪光点放大。其实，很多时候赞美了别人，也等于赞美了自己，更是在不经意间为自己以后行事铺好了路。大家可以换一个角度去想：如果有那么一个人，总是说一些让你舒心的话，那么当他有什么困难需要你帮助的时候，你就很难去拒绝他了，而会尽自己所能去帮助他。

谨记，一定要用一颗真诚的心去赞美对方，而不是虚伪地阿谀奉承。否则，不但会适得其反，还会让别人对你的印象大打折扣。

那么，怎样赞美才能恰到好处呢？

1. 用语要得当。过分地赞美往往让对方觉得不真实，甚至反感。

同去面试的一位姑娘甲问另一个初识的姑娘乙："面试通过了吗？""当然过了，你呢？"姑娘乙兴奋地答道。"你长那么漂亮，过了也不奇怪。"姑娘甲说道。

姑娘乙心中不悦。后来在交往中，姑娘乙了解到其实当时姑娘甲并没什么恶意，只是不太会讲话。

2. 凭自己的感觉，恰当地把欣赏运用在赞美中。也许只是你告诉对方，你欣赏对方的穿衣风格或者一些生活习惯，同时也让对方对你产生好感。

3. 保持态度真诚。要让对方感觉到你的赞美是发自内心的真情实感，这样才不会给人虚假和牵强的感觉。对方才会把你的赞美放在心上。而此时，你在对方心里的位置也会有很大的变化。

4. 要适情适景，审时度势，好听的话一句就够了。

5. 赞美之前要了解对方的背景和心理需求。

有一位年过六旬的女化学家获得了大奖，一位电视台的记者在并没有仔细了解她的情况下就贸然去采访了。一见面，那名记者就夸奖道："您今天打扮得真漂亮。"女化学家面无表情地点了点头。记者见女化学家没什么反应，又随口问道："您这么成功，您的儿女一定对您支持不少吧？"女化学家一听这话转身就走。原来女化学家根本就没有结过婚，哪来的什么儿女？

6. 不宜重复司空见惯的夸奖的话，要使赞美的话达到雪中送炭、"旱田忽逢及时雨"的效果。去发掘隐藏在对方身上不为人知的优点，并对其加以赞美，可能收到意想不到的效果。

比如，大学毕业时的成绩让你有些失意，一个并不太熟悉的同学在你的纪念册上留言："总觉得你身上有一种独到的气质，那是别人很少有，也学不来的。抓住它，相信这股独到的气质会让你成就别人意想不到的成就。"

相信你看到这条留言后一定会备受鼓舞，并对这位同学产生好感。因为他发现了你身上的一种潜质，对你有一定的启发和肯定的作用。

7. "赞美"要符合实际，实事求是。买东西的时候，我们也需要对商家的商品由衷地赞美。这样也许会让你得到意外的实惠。其实，商家也明白，顾客决定要买商品，就一定觉得它物有所值。有购买意向的顾客与其把商品说得一无是处，倒不如和盘托出自己对商品的真实评价，让商家感到你的"赞美"是真心实意，你是一个有诚意的买主，很可能给你一个优惠价格。

## 用赞美提升你的人气

在日常工作、学习和生活中，多数人会因为压力大而心情沮丧，这个时候如果你能适时送上一句赞美的话，不仅能宽慰对方的心灵，更能树立自己在对方心中的好印象，进而使交往更顺畅。赞美可以使对方放松心情，缓和压力，还能发现朋友身上不曾被挖掘的优点，让对方喜欢你、接纳你。

一句简单的赞美话能将处于不幸状态的人拉出泥潭；一句简单的赞美话能帮助缺乏自信心的人找到人生的方向；一句简单的赞美话能让号啕大哭的女孩笑容绽放；一句简单的赞美话能让对手放下防备心理……

赞美的力量是巨大的，如果你懂得充分利用赞美的话，就能为你的人气加分增值。当你处于萌芽状态的优点被对方的赞美话浇灌之后，就极有可能趁机破土而出，然后发芽、开花。同理，别人身上还未曾被发掘出的优点被你赞美时，对方心里会有说不出的喜悦感。

“赞美”是人际交往中必不可少的技巧，千万不要吝啬赞美的言语。它会让你成为最受欢迎的人，让你的事业步步高升。

# 在关键时刻为对方挡“枪口”

生活中你有没有为朋友挡过“枪口”，或者有没有朋友为你挡过“枪口”。在这挡与被挡之中，你有没有明白一些道理？在《菜根谭》中有这样一句话：“交友须带三分侠气，做人要存一点素心。”你对此有什么见解？

## 交友须带三分侠气

在交友的时候，每个人都希望能够交到患难与共、拔刀相助、侠肝义胆的朋友。这种朋友有一种英雄气概，让我们有一种安全感。在现实生活中，我们怎样才能恰到好处地处理朋友之间的关系呢？我们可以把这句话在不同的位置添加一些不同的成分：“（我）交友（友）须带三分侠气”“（我）交友（我）须带三分侠气”。看到这两句话，你是不是会有些领悟呢？

如果你只是一味地要求朋友对自己患难与共、拔刀相助，而自己却做不到，那么最后你身边的朋友肯定会越来越少。

在现实生活中，也许没有那么多让我们拔刀相助、行侠仗义的事去做，但对朋友做到共患难的机会还是有的。也许只是在他最落魄的时候，你的一个温暖眼神、几句贴心的话，甚至只是端上一碗简单的拉面，都能触动他的心，让他对你的好感倍增。如果你能在他最需要帮助的时候站出来替他挡“枪口”，在他内心深处就会有一个位置为你而留。

从前，有一个名叫柱子的年轻人，因触怒了国王而被判斩首。

柱子是个大孝子，他希望在临死之前能与远在百里之外的母亲见最后一面。国王念其孝心可嘉，便答应了他的要求，同意他回家看母亲。但前提是必须找到一个人来替他坐牢，而且还必须在行刑之前赶回来，否则他的朋友就会因他而死。

国王真是能考验人，这种有可能被杀头的风险谁敢冒啊？可还真的就有这样的人出现，他就是柱子的好朋友阿蒙。

阿蒙听说后，主动来与柱子交换。于是，柱子回家与母亲诀别。日子一天天过去了，可还是不见柱子回来。转眼行刑的日子就要到了，柱子依然不见踪影。人们开始议论纷纷，都说阿蒙不该轻信柱子，这样死得也太冤了。

行刑那天下了雨，没有等来柱子的阿蒙被押送刑场，围观的人有的对他表示可怜和不平，也有的人笑他愚蠢。但在刑车上的阿蒙面无惧色，还有一种慷慨就义的豪情。

屠刀已经架在阿蒙的脖子上，就等监斩官一声令下了。就在监斩官正要开口下令这千钧一发之际，“我回来了。”这一声大喊震撼了全场。只见柱子从雨中飞奔而来。

这感人的一幕让人们对这两个真正的好朋友心生敬意。在场的群众都跪下请命，希望不要杀了这两个真正的汉子。监斩官也为之动容，马上派人报告国王。

国王听说后亲自赶到刑场，万分喜悦地为柱子和阿蒙松了绑，并下旨赦免了柱子的死刑。他相信这样忠肝义胆的两个好朋友，一定都是他不可多得的优秀子民。

阿蒙对朋友忠肝义胆，他为了朋友可以独赴险难，即便是马上要为其而死也面无惧色，足见侠义心肠。柱子本可以逃过一劫，可为了不辜负朋友对自己的信任和自己的良心，在生死攸关的时刻，他毅然返回了刑场，也是君子坦荡荡。如果每个人都能像柱子和阿蒙一样，以侠义精神去影响周围的友人，则不但能够独善其身，更能够兼济天下，岂不快哉？

但侠气只要三分就好，过犹不及。热情、义气都是需要度的。把握合适的度，便是既帮了朋友，又帮了自己。

侠义心肠要留一分给自己才好，一味牺牲未必就能换来好的结果。荆轲刺秦般的壮举固然是一种豪情，千百年来令人倾慕，但也是英雄无奈的悲歌。

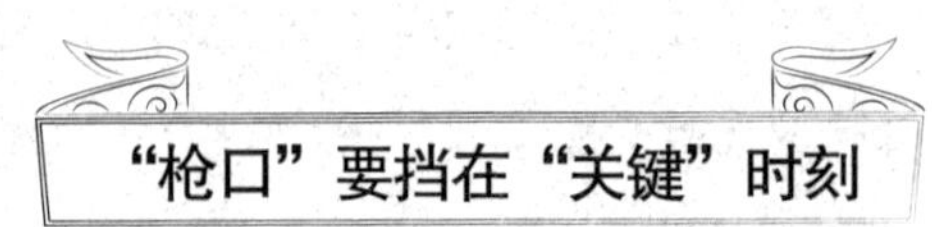

## “枪口”要挡在“关键”时刻

我们可以侠肝义胆地为朋友去挡“枪口”，但是要知道什么时候该自己上场。

如果你只是一腔热情地去展示你的“大侠”风范，那么所谓的“枪口”，对朋友来说可能根本就是不值一提。可能你不但没帮到他的忙，反而使他觉得越帮越忙，他不但不会对你心存感激，可能还会觉得你太多事。

俗话说“好钢要用到刀刃上”。你可以不顾一切地冲过去救你的朋友，但也要给自己留一条后路。万一你这一次不遗余力地去帮他解决一个谁都能解决的问题，而下一次他真的遇到了一般人解决不了的大难题的时候，你却因为上次不遗余力的热情而元气大伤、有心无力怎么办？

我们不仅要做到该出手时就出手，而且要做到“画龙点睛”地出手。此时似乎有点“雪中送炭”的意思，让别人一次就能记住你，而且是深入内心的。

这就是说，你要“挡枪”就要在最关键的时候挡。在现实生活中，根本就没有那么多命悬一线的时刻，就算有也不一定就让你赶上。大多数时候我们还是要抱着朴素的心理去帮助别人。

很多时候，你不一定能确定什么时候才是所谓的关键时刻，也许在你看来是关键时刻的时候，对于别人未必就是关键时刻。在你看来无所谓的时候，也许对于别人来说就是关键时刻。所以，在你不能完全确定事情发展趋势的时候，不要贸然行动，要选择见机行事，否则你可能会帮了倒忙。

有一个侦探为了查出谁是一起凶杀案真正的凶手，故意制造了另一个凶杀的假象，从而引出凶手来。于是，侦探故意说老实的王某就是杀人凶手，并把王某抓了起来。这样一来，真凶的防范心理消除了，打算放心地继续作案。然而王某的朋友李某是个热心肠，认为王某不会违法乱纪，就去找侦探大闹了一场，却在无意中拆穿了侦探的用意，打草惊蛇，惊吓到了可能要作案的真凶，进而使案子陷入了僵局。

所以，挡“枪口”也要看准时机而动，不能因为大意、鲁莽，不经意间给别人帮了倒忙。

# 雪中送炭才能让人铭记于心

战国时期，有一天楚国天降大雪，穿上皮袄坐在火炉旁的楚怀王还是觉得冷。沉思的楚怀王突然醒悟，于是下令把宫中取暖用的煤炭下发给全国的穷苦老百姓。楚国的百姓都很感激楚怀王这一善举。

“雪中送炭”就是由此而来。人与人交往中，能做到雪中送炭的人，普遍能够营造出坚固的人际关系网。

## 朋友之间不能只是锦上添花

很多人会发现，你曾帮过的朋友在你最需要帮助的时候，并没有尽其所能地帮你，可能只是敷衍。先不要感慨世态炎凉，如果不是交友不慎的话，就先从自身原因找起。

对朋友的事情，如果你只是做到了锦上添花的辅助工作，那就说明你做得不够好。因为，你所做的锦上添花的辅助工作在朋友看来可能也只是敷衍。既然如此，为什么朋友就不能敷衍你呢？朋友凭什么就要对你尽心尽力呢？

如果你想让他人肝胆相照，那就要拿出诚意，先对他人肝胆相照。在对方最需要帮助的时候，你挺身而出大力相帮，就能让朋友铭记于心，你们之间的关系就是肝胆相照。就算你暂时并不需要朋友的帮助，身边的其他朋友也会敬你三分，你的人气也会因此而提高。

当然，这并不是说其他时候你就可以不做这些锦上添花的工作。如果你之前对别人不闻不问，又突然对别人嘘寒问暖，别人会以为你有什么不良企图。所以说，在锦上添花的基础上的雪中送炭，才会让人铭记于心。

西汉开国功臣韩信从小父母双亡，过着吃了上顿没下顿的日子。年少的韩信只好在淮水边钓鱼，钓到了就可以卖些钱，钓不到就只能饿着肚子。淮水边上经常有一群各自带着饭篮在河边干活的老大娘。其中一位心善的老大娘见韩信整日挨饿，于是就分了些饭给他吃，就这样的事一直持续了好几个月。

韩信感激在心，对老大娘说："我将来一定要好好报答你。"老大娘却只是说："我只是看你可怜才送饭给你吃，哪图什么报答!"她并没把这些话放在心上。

后来韩信在楚汉战争中为汉高祖刘邦立下赫赫战功，还被刘邦封为楚王。楚地本就是韩信的故乡，他依然记得当年那个帮他的老大娘。于是韩信就设法找到当年那位老大娘，并送给她千金作为回报。

很多时候，我们只是做了一些自己觉得应该做的事，但对别人来说就是雪中送炭。不经意间帮了别人，而我们又会意外地得到别人的帮助。很多事情就是那么奇妙。有时候在你看来是锦上添花的事，对别人来说是雪中送炭。锦上添花和雪中送炭是人际交往中不可分割的两项技巧，掌握并充分运用它们，你的人脉会越来越稳固。

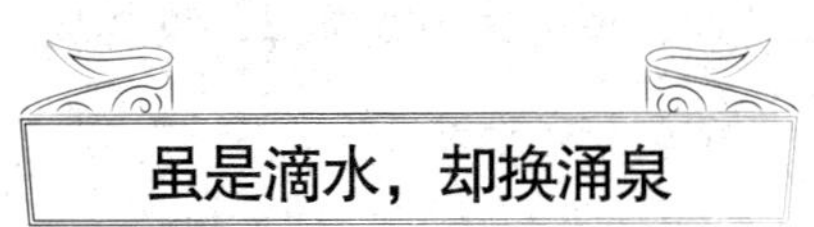

## 虽是滴水，却换涌泉

很多时候，你会发现，当时只是举手之劳帮了别人，而别人会对你的恩情一直念念不忘。在你需要帮助的时候，对方会热情得令你感慨万千。其实这种“滴水换涌泉”的事，不仅是因为被帮的人懂得知恩图报，更是因为你的帮助对他来说太珍贵了！

一位哲人说过：“别人爱我，我爱别人，这是小爱；我爱别人，别人爱我，才是大爱。”当我们用自己的爱去感化了别人的心时，身边自然会被爱心包围。

相传春秋时晋国将领魏颗之父魏武子有位年轻的爱妾。魏武子初病之时，嘱咐儿子魏颗说：“如果我死了，你一定要把她嫁出去。”不久魏武子病重不愈，又嘱咐魏颗说：“我死之后，一定要她为我殉葬，使我九泉之下不孤单。”魏武子死后，魏颗并没有让那位爱妾陪葬，而是给她找了一个好人家嫁了出去。其弟责其不听父亲的遗言，而魏颗说：“人在病重的时候，神智是昏乱不清的，我嫁此女，是依据父亲神智清醒时说的话去做。”魏颗没有想到的是，他的这一举动日后竟救了他自己。

不久秦晋两国交兵，作为晋国将领的魏颗与秦将杜回在战场厮杀，渐渐落于下风。正在此时，魏颗突然看见一位白发老人用绳子绊住了秦将杜回的脚。就这样，杜回摔倒在地上被魏颗当场所俘，晋军也在这次战役中取得了胜利。

当天夜里，魏颗就梦见了那位在战场上帮他的白发老人。老人说，魏颗是他的大恩人，今天这样做是为了报答魏颗的救女之恩。原来那位白发老人就是魏武子爱妾的父亲。

有时候我们帮了别人，无意之中也帮了自己。就算对你来说真的只是举手之劳，但对别人来说意义可能大不相同。不要小看了那些不起眼的小事，或许它就是你以后人生路上不经意间的机会。

# 耳中倾听，内心理解

当你学会倾听高远的大山、深沉的大海、参天的大树，学会倾听别人的喜怒哀乐，理解别人的悲欢离合，你就会产生一种博大的胸怀去接纳一些你曾经不想接纳的东西，你就会成为朋友圈里最抢手那个人。

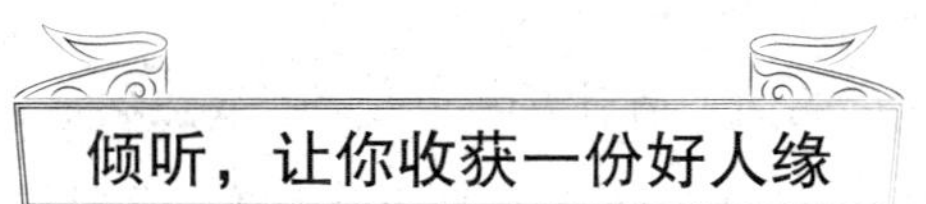

## 倾听，让你收获一份好人缘

认真倾听别人，为其营造一种温暖安心的气氛，并表示理解，你就会拥有越来越多的朋友。“被倾听”是很多人的需要，总有一天你也会需要的。那么，我们如何才能做个好的听众呢?

学会倾听，首先要学会察言观色。在倾听过程中，要明白对方所说的话及一些话的言外之意，并适时地反馈给对方自己的一些看法。如果你理解了对方的想法，再适度表达自己的看法，效果会更好。

在谈话的时候，不要总是以自己为中心，谈论那些对方并不感兴趣的东西。如果对方正在讲话，不要打断他，不要匆忙地下结论去评价对方的观点。如果与对方的见解发生分歧，要控制自己的情绪，不要和对方进行激烈争执。过于激烈的反驳会让局面变得更加糟糕。不要有太强的窥探欲望，如果对方不想说，我们就不要再问。倾听的时候不要走神，也不要有小动作。

倾听的时候还要时不时地看对方的眼睛，表示你在听。不要对谈话的内容漠不关心，或者只听内容却忽略对方的感觉以及对你讲这些话的用意。

如果诉说者开始情绪激动，导致语序混乱、词不达意，此时作为同性，可以拥抱或拍抚对方，让对方感受到你的温暖。即便是异性，也可用语言安慰对方，平复对方的情绪。

没有听懂或没弄清楚的地方应及时进行沟通，以免造成误解。尽量避免用自己主观色彩的眼光看待对方的言行，要耐心地听对方讲完。

如果条件允许的话，请对方喝一点奶茶或热咖啡，让对方感受到被人关心的温暖，因为热的东西容易让人重新振奋起来。

就算对方说的事情令你感到幼稚可笑，也不要嘲笑对方或者以一种高高在上的姿态加以评论，那样会辜负对方对你的信任。即使你不赞同，也应当给予对方理解和安慰。

你无须把对方从负面情绪中拉出来，可以想个办法帮他出气。你还可以帮对方理清头绪。你提出的建议一定要有自己的想法，对方想听到的是“你的意见”。当然不可以太过主观。如果对方有了自己的主意，而你觉得你的想法会更好，可以让对方作为参考。最后的主意一定要对方自己来拿。

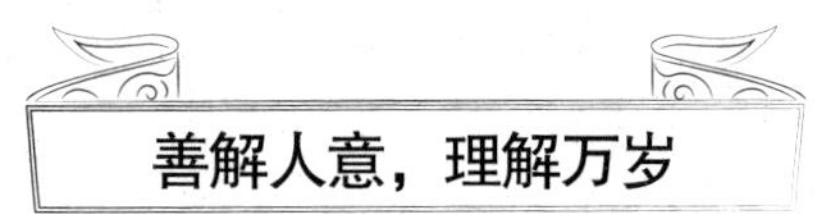

## 善解人意，理解万岁

很多人之所以要诉说，只是因为希望被人理解。如果对方花了一个下午对你诉说，你对他的诉说表现得很不理解，就会让对方有一种挫败感。

理解是双向的，想被人理解，就要先去理解别人。只要你能做到善解人意，自然就容易让别人理解你。有人说：“被人理解是幸福的，理解别人是快乐的。”总之，理解万岁！

正是因为互相理解，钟子期与俞伯牙之间才有“高山流水”的美谈；唐代大诗人王勃才会发出“海内存知己，天涯若比邻”的感慨；才会有很多人经常一声长叹“士为知己者死”。

某人来拜访，受访者可能有两种想法：他来可能有事找我，我得防备着点；他能想着我，谢谢他。这说明，人对事情有不同的理解方式，就会有不同的想法。

一般来说，理解别人更容易做到，这是做人的一种品行。善解人意就难了，人们在与人交往中不得不在脑海中多打几个问号。

但是，在工作和生活中，我们还是要多理解他人，这样他人不累，双方关系也融洽。心情好了，身体也会更受益。

如果你很善解人意，那么理解别人也就不是难事了。更重要的是，当别人也理解你时，双方会进入一种相对放松的状态。你会发现，在你理解他人的时候，你身边的朋友也会一天天多起来。这岂不是两全其美的事？

# 多结交比自己更优秀的人

物以类聚，人以群分。在人们传统的思想观念里，如果一个人有很多各方面都比较优秀的朋友，那么这个人也一定是一个很优秀的人；如果一个人经常和一些有不良记录或是口碑不好的人走在一起，那么这个人也就会被人们视为品行不端的人。

## “优秀”是会传染的

想成为优秀的人，除了不断提升自身的能力外，多和各方面都比较优秀的人交往也是非常重要的。人会根据自身的条件和能力，去寻找和自己层次相当的伙伴。相同的道理，优秀的人也总是喜欢和与自己一样优秀的人聚集在一起。“优秀”是一种可以传染他人的特质，当自己周围的人都非常优秀时，自己就也会在不知不觉间成为一个很优秀的人。

克里从小就为自己树立了一个伟大的愿望，那就是成为一个杰出的政治家，可是克里只是一个生长在美国科罗拉多州丹佛市普通家庭的孩子，要想实现自己的理想，他还有很长的路要走。

克里并没有因为自己只是一个普通的社会民众而感到沮丧，他依然喜欢与人讨论政治话题。为了能早日实现自己的理想，克里努力学习，以优异的成绩考上了著名的耶鲁大学，在那里结识了肯尼迪总统夫人的妹妹珍妮，两人成为好朋友。

在克里的观念里，只要和珍妮成为好朋友，就一定有机会见到自己的偶像肯尼迪总统，说不定还可以和他成为朋友。如果真是这样，那将会对自己进入政坛有很大的帮助作用。果然，克里的愿望很快就实现了。

肯尼迪总统家族要在罗德岛的豪宅举行家庭舞会，克里有幸得到好友珍妮邀请他参加这场盛大舞会的机会。在这场舞会上，克里平生第一次如此近距离地见到肯尼迪总统，并和其进行了一番亲切而愉快的谈话。克里首先向肯尼迪总统表达了自己对他的崇敬之情，又对当前美国政治现状发表了一些独特而精辟的见解，这给肯尼迪总统留下了很好的印象，并给予其非常好的评价。

舞会结束回家后，克里立刻给肯尼迪总统写了一封信，在这封信中，他诚恳地表达了自己对民主党坚定的信仰，以及愿为其效劳的决心，因此得到了肯尼迪总统的肯定。在此之后，克里经常给肯尼迪总统写信，向他表述自己对当前政治局势的建议和主张，赢得了民主党内部众多人士的好感。

服完兵役回来后，克里参加了民主党举行的很多政治宣传活动，在这个过程中，他结交了民主党众多的著名人士，进一步加深了和肯尼迪家族成员之间的友谊。

这一系列活动，增强了克里进入政坛发展的信心。到1982年，克里终于迎来了自己政治生涯中的第一缕曙光，他通过竞选成为马萨诸塞州副州长，正式步入了美国政坛。

经常和已经事业有成的成功人士，或是各方面都比较优秀的人士交往，把他们当做自己学习的对象，虚心向他们请教成功或是成为优秀人才的秘诀，将他们当做自己奋斗的目标，这对自己的事业发展会有很大的益处。

不要总是和那些不思进取的人混在一起，或许这些人都拥有不错的品德，但是他们并不能为你的成功带来任何帮助，反而会可能给你带来很多负面影响。

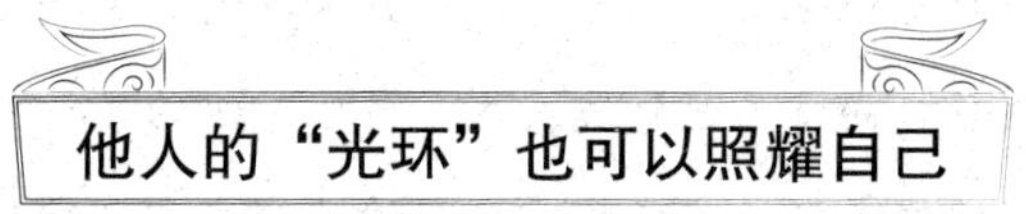

## 他人的“光环”也可以照耀自己

人们常说：“一个人能否成功，不在于你知识的多少，重要的是在你周围有哪些朋友。”

由此可以看出，人脉资源在竞争中所占有的重要地位。一个人如果想要改变自己的命运，并获得成功，就要为自己建立起一套堪称完整的人际关系体系，为自己积累足够的人脉资源。

多结交些优秀的朋友，对自己事业的发展有很大好处。在社交活动中通常会两种类型的人，一种是属于要风得风，要雨得雨，万事顺心的类型；另一种则属于举目无亲，做事处处碰壁的类型。当你周围聚集的都是些事业有成、品德高尚的人士时，就会发现原来自己已经在不知不觉中步入第一种人群的行列。

纵观古今历史，人们就会发现大多数的成功人士都是依靠良好的人际关系而成就自己的事业的。

成功人士日常生活中最重要的事情之一，就是结识恰当的人并与之保持良好的社交关系。年轻人要想成功改变自己的命运，首先要做的就是多花时间和自己认识的成功者交往，尽可能地远离那些总是牢骚满腹、怨天尤人、消极处世的人群。因为这些人不但不会给你带来有益的影响，还会将你带入消极沮丧的迷雾中，会使你觉得生活没有丝毫乐趣，无论做什么事情都没有动力，长时间处于灰心丧气的状态，这些因素会对你的身心状态造成不良影响。

经常和优秀且成功的人们待在一起，很容易被他们身上的优秀品质所感染，并改正自身的缺点和不良习惯；如果有幸能和这些优秀人士成为关系不错的朋友，那么当你遇到困难时，这些朋友可能就会在关键时候帮你一把，让你渡过难关。多结识优秀的朋友能够为你的人生带来意想不到的好处，同时也是事业成功的重要因素。

要想和优秀的人成为朋友，首先就要成为他们想要结识、值得结识的人。人们都喜欢和诚实守信、谦逊有礼又不失幽默感的人结交朋友，那些大人物们也是一样。

除了具备这样的特质外，你还要为自己创造接近他们的机会。一般越是成功的人就越需要人们的帮助，你主动向他伸出援手，不求回报地帮助他，他也会用同样的方式回报你。

多结识些优秀的、事业有成的人士，不仅可以帮你建立起完整的社交网络，对你的成功起到有益影响，还可以提升你自身的社交形象，让你在不知不觉间成为众人心中很值得结交的“黄金”友人。

# 增加自己的曝光机会

你不走出去，就永远不知道自己有多渺小；你不走出去，就永远不知道世界有多大。把自己放在人海里，增加与外界事物接触的机会，不仅能提高自身能力，还能开阔眼界。将自己他人的融入朋友圈，增加曝光机会，才能吸取更多的人脉。

## 走出自己的世界

很多人沉浸在自己的小世界里不愿跨出去。不能说这种做法是“与世隔绝”，但它对于自己以后的事业、生活都会造成不良的影响。当你跨出自己的圈子与更多人接触，并与他们建立友好的关系时，你会发现，原来很多事情可以变得如此简单。

对于性格内向不爱与人接触的人，或者一些只在家、公司、餐馆三点一线的上班族来说，怎样才能认识更多的人呢？

性格内向的人应该改变自己的处世方法，走出自己狭小的世界，你会发现很多有趣的事和人，你的生活也会变得更加精彩。多与人接触，去了解他们，加入与他们交流的行列，说出你自己的看法，也许你会和他们成为好朋友。这样你会发现自己的生活和心理状态都在发生着神奇的变化。你愿意去认识更多的人，你会变得开朗起来，你的社交关系也会发生很明显的变化。不要再做原来的自己，走出去就是另一片天空。

对于上班族来说，平时总是忙于工作，没有多少时间和别人进行交流。有时候，主动接近陌生人容易引起对方的误会，遭到拒绝。如果要改变这一现状，不妨去参加社团活动、公司聚会等，自然而然地与他人建立关系。而且，在相对自然的气氛下，往往有助于增进彼此的情感和信任感。

如果你参加了某个社团组织，你要努力为自己谋到一个组织者或带头者的角色，这样就可以得到更多和他人交流的机会，自然也就会使彼此了解。这会让你更容易认识别人，也更容易让别人认识你。

在美国，有一句流行语：The success of a person， is not what you know， but rather who you know。意思是，一个人能否成功，不在于你知道什么，而在于你认识谁。这似乎否定了很多人铺天盖地笼络人脉的做法。其实不然，这句话提醒我们，在大量积累人脉的时候，切记不可盲目，要抓住主要矛盾。我们可以认识很多朋友，但你要知道谁是主要矛盾，谁可以在你需要的时候助你一臂之力。

如果你没有太多的时间和精力去接触更多的人，那么，当有朋友给你介绍其他朋友认识的时候，一定不要拒绝。曾有调查显示，“熟人介绍”是大家认识更多的人或找工作的主要途径之一。

所以，请列出你的人脉发展计划及所需人脉对象所在的领域，然后，试着利用你现在的人脉寻找你所希望认识的人脉目标，为日后的发展创造更多的机会。

一位文学爱好者闲来喜欢上网，一有时间就将自己在社会中的打拼体会、工作经验、教训等发在网上。他在大量浏览网页增加知识面的同时，对于自己喜欢的精彩文章，也会发表自己的感言并对文章加以肯定。礼尚往来，有很多作者会给他回应，这样他和很多的人建立了“文友”关系。

有一次，他和一位“笔友”相约见面，相谈甚欢，大有相见恨晚的感觉。让他意外的是对方邀请他到自己的公司去工作。原来，这位网友竟然是当地一家著名企业的老总。现在，他已是那家企业的主管。由于他们在网上交流真诚，彼此的价值观、爱好、特长、办事能力等已经相当了解，所以那位老总才邀请他加入。

当你走出自己的狭小世界时，眼前就会豁然开朗，这时你会发现世界充满了惊喜。请大步走出自己的世界，外面的精彩世界正等待着你加入。

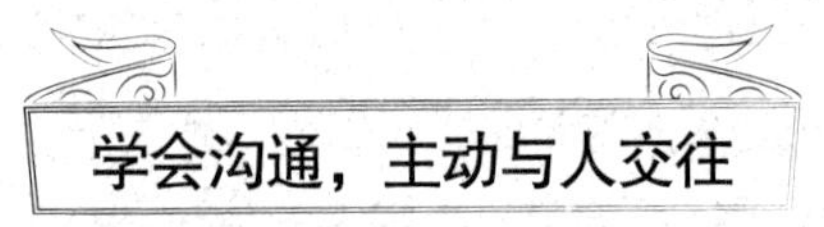

## 学会沟通，主动与人交往

良好的沟通会让你和对方达成很多共识，拉近彼此的距离。如果对方的观点和你的相似或很有见地，请给予肯定。对于刚认识的人，你如果主动与其沟通，就会让对方他产生亲近感，消除距离感，进而双方打成一片。

沟通时须讲究一定的技巧。沟通时看着对方的眼睛，表明你在认真听他讲话。这样做能使对方感觉自己受到重视，继而他会对你更加信任。

细微的面部表情及眼神也能显露一个人的情感。微笑往往让人显得和蔼可亲，但要真诚地微笑，否则就会让人觉得是虚情假意。另外，呆板刻意的面目表情，也不能给人亲近感。

利用你丰富的肢体语言，润色你所要表达的信息内容。一个人手舞足蹈地表达，不仅有利于吸引对方注意力，使其更好地理解你所说的内容，而且可以让对方感觉到你是一个热情、有趣、感情丰富的人。

正襟危坐或站立时挺直腰板，会给人庄重之感，但也要看场合、气氛是否合适，如果有必要的话可以那么做。此外，随意地跷着二郎腿或者手托头部，可以使非正式场合的气氛更加轻松、友善。

双方站立的距离也很重要。过近就会让人失去安全感，过远又会使人产生距离感。

参加聚会、婚宴、社团活动时，你可以提前到场，主动与他人沟通。抓住机会，最好做大家的“开心果”，让众人对你产生兴趣，可以使你认识更多的人。

# 别担心与陌生的圈子格格不入

当你没有融入某个圈子之前，所有的担心都是多余的。不要在乎你是否和别人格格不入，也许压根儿就没人注意到你。也许在别人眼里，那就是你的特立独行的个性。放开手脚，随性就好。

## 没人介意你的加入

当我们还没融入某个圈子之前，总是会担心很多。怕和别人搞不好关系，怕和别人格格不入，产生距离感。其实完全不必担心。因为当你一个人矛盾挣扎了很久之后，也许你会发现别人根本就没怎么把你放在心上，甚至根本就没人注意你。

有句话说：“别把自己不当回事，也别把自己太当回事。”如果你还在担心与陌生的圈子格格不入，那就告诉自己：别太把自己当回事，没人知道我来了。

其实，不管进入哪个圈子，都没有必要担心。只要在那个圈里把自己独特的一面表现出来就行。对每个人来说，那些所谓的“格格不入”，根本就是空气。因为别人根本就不知道你的个人魅力所在。此时的你不仅不用担心自己会和别人“格格不入”，还要适时地制造一些“格格不入”来吸引别人的注意力。

先不要管别人怎么看你，你怎么知道他们就不会喜欢“格格不入”的你呢？也许正是因为你的“格格不入”才引起了他们对你的好奇心，才让你交到更多的朋友。让别人关注你，你才有了被人认同的基本条件。

在得到别人认同的同时，要先认同自己，肯定自己的所作所为，不要认为那些有什么不妥。当然前提是你的行为不与其他集体利益和个人利益发生冲突。只要不冲破道德和法律底线，就可以坚持自己的见解，并为之呐喊。当一个人执著于自己思想的时候是最可爱的，它不仅可以体现一个人的自信心，而且会把你倔犟、幼稚的一面统统展现。这未必不会让同样喜欢执著的其他人对你产生好感。

在与人交往中，应该肯定自己的观点，甚至放大它的优点。这样才有助于你找到同类人，你就又可以收获到一个朋友，甚至是更多的朋友。因为在你发表观点的时候，其他人也会通过你的言论来判断你是什么样的人，是否可以和自己做朋友。

如果你没能引起别人的注意，甚至你“格格不入”都不能引起别人注意，那就要从这两个方面考虑：第一，从自身找原因，真的是你不能融入集体，和他们成为朋友？第二，从客观找原因，是那些人太过冷漠，不喜欢和别人打成一片？还是他们也属于特立独行的人？

一般来讲，有个性的人不太容易被接受，可一旦你和这类人成为好朋友，就会发现在这类人身上你可以学到很多东西。当然，还有些人是装作有个性，一旦达到自己的目的，就马上会露出本来面目。这样的人不值得深交。

## 总会有人欣赏你的

不要担心自己会和身边的人格格不入，总会有人欣赏你。如果你有自己的个性，就要坚持下去，不要为身边的客观环境所改变。

其实很多人有自己独特的一面，只是因为环境使然，才使得那些特性被磨得面目全非。其实，我们完全没必要为了身边的环境而改变，这样会让你丧失很多原有的天性。

有时候你会发现，当你与一个人成为好朋友时，他身上的一些特点，多少也会反映在你身上。抓住这些共同点，你们之间的友谊会发展得更顺利。没有谁愿意做一个特立独行的人，被大家用异样的眼光看待。既然这样，为什么不改变那个表面冷漠的自己，主动加入一个大集体，感受心与心的贴近，体会朋友之间的那份情意呢？

其实，每个人都有自己独特的个性表现，但这并不代表你就是孤立的，因为在这个世界上，总会有人欣赏你的个性。只要你能敞开心扉，准备好接受别人，就一定能找到那个知己。

与人交往最关键的是表现出自己真实的一面，用一颗真诚的心去接纳别人，无须为了加入某个团体而刻意改变自己，或无原则地顺从大家的意愿，竭力做一个人人眼中“和善”的人。这样建立起来的人际关系是不平等的，同样也持续不了多长时间。

要想做一个受人欢迎的人，首先要有自己的主见。一个缺乏主见的人会让人缺乏信任感，你所做的任何事都会让人产生怀疑，别人会怀疑你做事的能力，怀疑你有没有能力胜任你所做的工作。

此外，如果你认为自己是对的，就要坚持自己的意见，不要被外界环境所左右，而且这也是你有个人主见的表现之一。

在新上司面前也要学会说“不”，如果真的是他的错，就要学会适时发表自己的看法，分析各种利害。如果他是个好上司，会考虑你的意见，并对你另眼相看，也许这就是你改变命运的机会。

无论你的表现如何，“真实”都是最重要的。

# 塑造自己的独特风格

每个人都应该有属于自己的独特风格，那才是独一无二的自己。打造自己的独特风格，不一定非要做到特立独行，独树一帜，随意就好，但要知道什么是最适合你的。

## 内外兼修的独特魅力

打造与众不同的自己，就要从外在、内在等各方面做起。比如衣着、气质、语言等。

穿衣方面，用不着多么另类，最重要的是适合自己。没必要太注重名牌，名牌的衣服不一定适合你，普通服装也能让你穿出别样的风格。

此外，还要注意体形、身高、肤色等方面因素。不要刻意模仿别人的穿衣风格，每个人的气质不一样，穿出的效果也会不一样。刻意模仿只会让你在别人心中的印象大打折扣，这与打造自己的独特风格的初衷是背道而驰的。

气质是一种内在的东西，一般是学不来的。气质可以从你的言谈举止、待人处世等各方面体现出来。你的品位决定你的气质，你能够做的就是多看书、多思考。女生可以练瑜伽、芭蕾，先提升一下外在的气质。好的气质还要有好的心态，切忌心浮气躁。

每个人都想多接触一些文人雅士，以提升自己的内在气质，而你所要做的正是培养自己的气质，吸引同样的优秀人士前来结识。

言谈举止是气质的重要体现。别人是否接受你，很大程度上受你的语言的影响，也就是看你是否会说话。说话是门独特的艺术，如果你掌握的较好，你的人脉关系就能够较快地发展。那么，如何才能更好地运用语言的魅力呢？答案是学会幽默。幽默的语言会使你减少紧张情绪，制造轻松气氛，让你减少很多沟通障碍，也会让别人对你印象深刻。你不但可以幽默别人，还可以幽默自己。有时候，幽默自己可能会收到更好的效果。

人们都喜欢与幽默的人结识，处在这样的交往环境中，会让人有一种身心愉快的感觉。

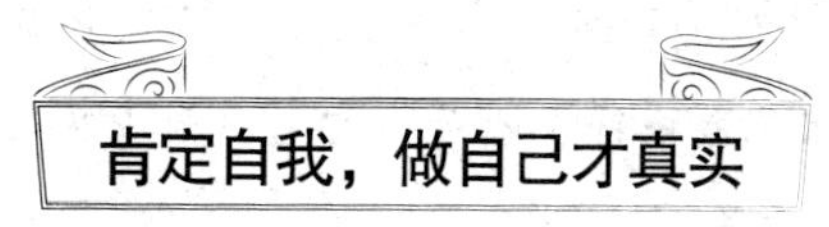

## 肯定自我，做自己才真实

其实再怎么打造独特的自己，都不如做最原始、最自然的自己。做自己才是人性中最独特、最自我的表现，因为越来越多的人已经丧失了原来的自己，丢掉了天然的真性情。这才是现代社会普通稀缺的东西。

你的独特之处就是做你自己，做自己不仅可以自我肯定，还可以让别人看到你身上的特质，这将是你自信的基础。你会慢慢发现自己身上一些原来不曾发现的优点。

做真实的自己，就是不要再刻意地学谁，而是要最大限度地发挥自己的优点，逐渐减少缺点，发挥自身潜在的能量，并使之发芽、开花、结果。

坚持自己的同时，不要拒绝身边朋友的建议。打造你的独特风格，不是说排斥一切外来事物，而是要你去糟粕、取精华。

从前，有一个小孩总是不开心，一位老人问他怎么回事，他说感觉自己很渺小，很卑微，小朋友们都不和他玩，还嘲笑他是穷小子，每天都欺负他。于是老人给了他一块石头，让他拿到菜市场去卖，但是不管别人出多高的价位都不要卖。小男孩就拿着这块石头去了菜市场，一开始有人出几毛钱、几块钱，他不卖。这勾起了人们的好奇心，后来价格飙到几十钱，他还是不卖。

天黑后小孩高兴地回家了。老人问他，你现在明白人生的意义了吗？他说“不明白”。老人让他明天拿着石头去黄金钻石市场去卖，同样不管谁出多高的价钱都不要卖。到了黄金市场，有人出几百块钱，小孩不卖。出几万块钱，还是不卖。后来石头的价钱飙升到了几百万块钱，他还是不卖。

天黑小孩回家后，老人问，现在你明白生命的意义了吗？小孩依然摇头。老人说，孩子你要记住，不论是什么，都像石头一样，你把它放在什么市场中，它就会有什么样的价位。而且不到最后，你永远不知道自己的东西到底能卖到什么样的价位。

小孩茅塞顿开，把身边的嘲笑声都抛到脑后，每天都微笑着面对每个人。时间长了，那些欺负他的人自然而然地接受了他。长大后的小男孩不再是那个自卑的小孩，变成一个内心充满阳光、快乐的人。

因家庭贫困而造成的心理自卑很常见，但这并不代表你注定没有朋友，没有未来的人生方向。贫困不是永远的，关键是要打造自己独特的风格，让人们接受这样的你，接受这样的风格。

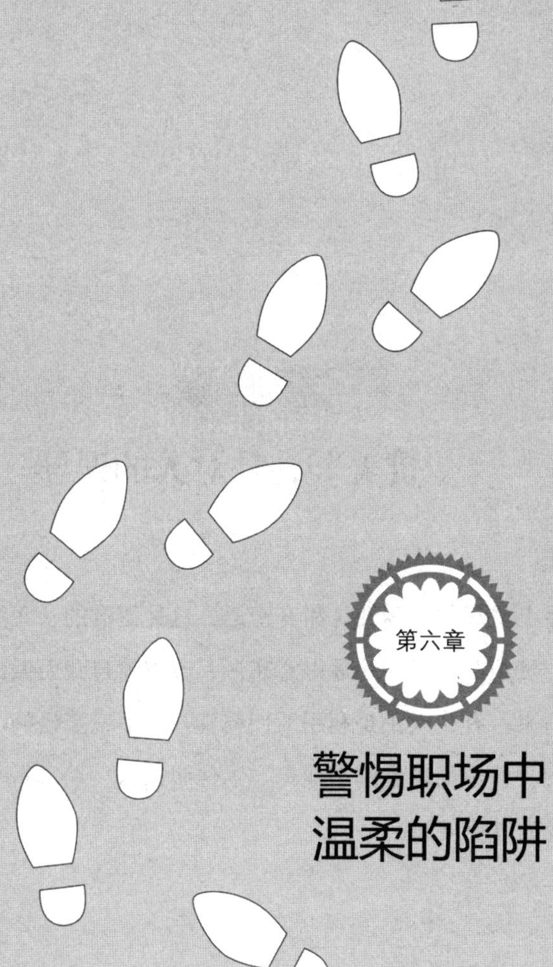

第六章

# 警惕职场中温柔的陷阱

“千里之行，始于足下。”要想赢得身边人的认可和帮助，光有想法是不够的。尤其是那些刚走进社会的年轻人，必须从一开始就警惕职场中那些温柔的陷阱，学会堂堂正正做人。

# “赞美”，是对人的误导

世界上最甜的毒药便是甜言蜜语，这种泛滥的、无缘无故、言过其实的“赞美”，它会让你得意忘形，看不清自我而做出一些让人后悔的事情来。有些人正是利用人们都喜欢听甜言蜜语的心理，以牵制你的思想，让你的思维跟着他走。当你明白这一切都是个温柔的陷阱时，已经为时晚矣。

## “赞美”，是个温柔的陷阱

世界上存在着形形色色的人，有真心实意帮助你的人，也有给你设下陷阱看你往里面跳的人。在这些陷阱之中，就有一种温柔的陷阱——言过其实的“赞美”。

“赞美”每个人都爱听，但我们千万不能陷入其中不能自拔，因为世界上很多“赞美”的话都是有一定的目的性的，要小心掉入这个温柔的陷阱。

如果你是领导，也许就会有下属经常夸赞你，这些“赞美”的话多数不是出于真心的，如果身为企业管理者的你听到的“赞美”话比较多，就要多加留意了，说不定“赞美”的背后就有一个陷阱在等着你；如果你是一名官员，就更要提防有人夸奖你了，如果有人常常“赞美”你，则说明这人有可能是有事求你。

战国时期，为了对外扩张，秦孝公派公孙鞅为将攻打魏国，以夺取对自己有利的河西一带。公孙鞅率大军直抵河西吴城下，而吴城地势险要，工事坚固，正面进攻恐难奏效。公孙鞅苦苦思索攻城之计，他探到魏国守将是曾经与自己有过交往的公子昂，于是心中大喜。他当即修书一封，先把公子昂夸赞一番，又说虽然我们俩现在各为其主，但考虑到我们过去的交情，还是罢兵订立和约为好。信送出后，公孙鞅还摆出主动撤兵的姿态，命令秦军前锋立即撤回。

公子昂见信中公孙鞅如此夸赞自己，不由喜上眉梢，又见秦军有退兵的举动，心中大喜，马上回信约定会谈日期。公孙鞅见公子昂已钻入了圈套，暗地在会谈之地设下埋伏。

会谈那天，公子昂带了300名随从到达约定地点。他见公孙鞅带的随从更少，而且都没带兵器，就放松了警惕，也相信了对方的诚意。会谈气氛十分融洽，两人重叙昔日友情，表达双方交好的诚意。公孙鞅还摆宴款待公子昂。然而公子昂刚刚入席，就忽听一声号令，伏兵从四面包围过来，公子昂及其所带的300名随从还没反应过来就全部被擒。魏军群龙无首，公孙鞅很快击败魏军占领了吴城。魏国不得不割让河西一带向秦军求和。

在人际交往中，没有无缘无故的“赞美”，一些泛滥的“赞美”背后，肯定会有一些小小的目的。因此，对于他人的“赞美”之词，最好一笑置之，勿放在心上。

## “赞美”会影响你的思维

在与人交往中，“赞美”会影响到你的思维，也容易使你的社交能力受到牵绊。

公司从总部调来一位女经理，不仅人长得十分漂亮，办事能力也很强，因此深得公司领导的器重。公司部门员工申梅知道自己以后的晋升机会就掌握在这位女经理的手中了。为了讨好她，申梅一有机会就对这位女经理大加“赞美”，她的这一举动无疑大大地拉近了与女经理的距离。

一次公司要进行人事调整，申梅早就盯上了人事经理助理一职，可她知道论资格和能力，公司让她担当这一职位的可能性不大。然而她又不愿错过这么好的机会，于是她走进了女经理的办公室，“经理，您今天的衣服真漂亮，而且您的妆化得与您的服装极为相衬。”

原本低头工作的女经理抬头看了看申梅，“经理，你工作如此优秀，而且又极懂得化妆和服装，我能不能在您身边工作，也好随时向您学习。”女经理多多少少有点虚荣心，而且申梅对她“赞美”的这一番话又切中了要点。申梅看到女经理的脸上露出一丝无法掩饰的笑容。

“赞美”往往会影响一个人的正常思维和判断力，令人们一时看不清真实的自我。这位女经理就被“赞美”的话影响了思维。

在社交中，很多人懂得利用人们爱听赞美话的这一心理，用真诚的赞美的语言来调动或影响别人的思维为自己办事。部门主管想要提升团队业绩，他会首先对员工大加赞美一番，充分调动每个人的积极性，然后再说出他的计划和目标。这时你也许正想着主管对你的夸奖，自然表现得异常积极，这样主管想提升业绩的这一目标也就离实现不远了。

真诚的赞美会让人产生一种“想要继续成长”的冲动，这比任何教育都有效。

真心的赞美是建立在认同的基础上的，如果没有这个基础，一切赞美都会显得过于虚假。因为人与人沟通的首要条件是以诚待人，如果赞美不是发自内心，那么就肯定会有所图。如果一个业务员给一个客房经理打电话，一开始就介绍自己的产品，相信对方会极不耐烦地说：“我今天很忙呀，改天再联络好不好？”而如果你改为这样开头，也许就不是这种结果了：“王经理，您好！我是某公司的小李，我知道，您作为公司的部门经理，身居要职，时间很宝贵，但我不会占用您太多时间，只是给您介绍一下我们公司产品的概况，您看这样行吗？”如此一来，对方在受“赞美”的情绪下，思维已经受到了你的影响，基本不会拒你于千里之外。

试想，在动不动就对你提出批评的人和常常赞美你的人之间，你更容易接受哪一个呢？相信大多数人会选择后者。接受赞美是可以的，但一定要建立在确定对方没有不良目的的前提下。如果你发现这个人是在利用赞美来巴结你的，你则要疏离他了。

我们生来有两只眼睛、两只耳朵、一张嘴，可以理解为让我们要“多看、多听、少说”。对那些夸夸其谈，言谈之中全是赞美之词的人，我们要保持清醒的头脑，不应让“赞美”的话影响到自己的思维和判断。你要学会用心思考，用脑倾听，分析对方的思路和观点，得出正确的判断。

# 被营造出来的“短缺”现象

大家都知道“物以稀为贵”的道理，于是社会上就出现了这样一类人：他们为了达到目的，就故意制造“短缺”，让人们有一种危机感，迫使人们立刻采取行动，接受他们的要求。

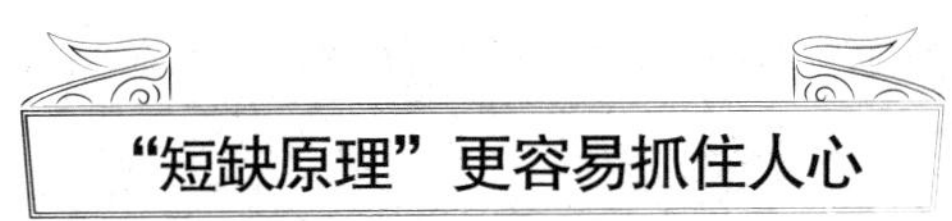

## “短缺原理”更容易抓住人心

如果有些东西是真正的稀缺品，则意味着该物的价值本来就较高；人为囤积制造的短缺商品，其价值并非是真高。这类人利用的就是人们喜欢趋众的心理，因为人们一旦看到有人争相去抢一样东西时，不管代价多高都会跟风。

试想，为什么某些畅销书作家推出新作的时间都间隔一两年呢？一般人的回答是：因为写作的过程太过于艰难，短时间内不可能写出来。其实真正的情况是，某些畅销书作家早就写好了多部作品，但还是要间隔一段时间才推出来。其实他们是为了吊足读者的胃口，让读者在漫长的等待中越来越期待。等前期作品真正抓住了人心的时候，再推出新作品就会实现很高的销售量。

这种短缺的原理如果在人际交往中加以运用，就会很容易实现抓住人心的目的，诱导对方尽快决定。但这种做法与实实在在做人相差甚远。

一位年轻人到一家公司去应聘助理一职，年轻人仪表堂堂，表达能力也不错，唯一遗憾的是资历浅了点，参加工作才一年多时间。正在面试官犹豫不决的时候，年轻人的手机响了，眼明手快的年轻人迅速挂掉了电话。然而一分钟后，年轻人的手机又响了，年轻人为了表示对面试官的尊重，又再次挂掉了电话，并抱歉地说："真不好意思，都是一些邀请面试的电话。"

听完年轻人的话，面试官让他稍等片刻，年轻人看到面试官走进了经理室。5分钟后，面试官出来了，满脸笑容地握着年轻人的手，对他说："小伙子，恭喜你，我们经过商议，决定给你一次机会，你可要好好表现。"

就这样，年轻人很轻松地得到了这份工作。令面试官想不到的是，其实这是年轻人事先做好的准备。两次打电话给年轻人的人，其实是他的一个朋友。而他之所以这样做，就是想让面试官意识到，他并不是无人聘用，相反想聘用他的人很多。这样一来就给了面试官一种紧迫感，诱导了面试官做出立即录用的决定。

因此在社交活动中，要分析某些人利用这种"短缺原理"来调动人们的胃口以抓住人心的伎俩，凭借自己的实力赢得一席之地。

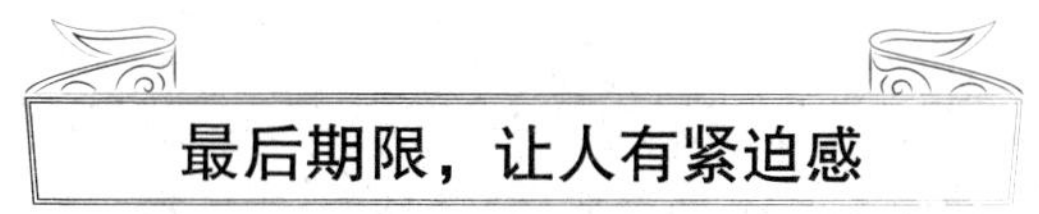

## 最后期限，让人有紧迫感

在商业往来中，我们常常会听到这样一些话，“我只给你三天时间，再不作决定，我们便不会再为您留货了”“不好意思，我只有10分钟的时间与您洽谈，如果您不能作决定，我得赶去见其他客户了”……这些话都给对方设定了一个最后期限，旨在给对方制造紧迫感，以促使对方迅速作出决定。

设定最后期限，会让对方意识到：自己如果不迅速作决定，今后可能再也没有这种机会了。这种方法可以迫使对方产生更大的动力，立即采取行动。

贺志和两个平时关系不错的朋友，决定在国庆节假日骑单车去外地旅游。国庆节假期终于到了，正在三个人刚刚议定旅游目的地时，贺志接到一个朋友的电话，请他前去参加婚礼。

贺志一时为难了，如果去参加婚礼，自己期待已久的旅游就泡汤了，而且又会失信于两位好朋友。如果不去参加婚礼，再见到朋友时也是很没面子。

看到贺志仍拿不定主意，他的两位朋友急了，给他撂下这样一句话：“给你10分钟的时间考虑，如果你不去，我们就找别人了啊，强子可是一直都想要和我们一起去呢。”

看朋友急了，贺志也急了，忙应道：“好，我去，让我安排一下，马上就走。”

10分钟后三个人轻装上阵，朝着他们的理想之地出发了。

设定最后期限可以促使人快速作出决定，这是社交中惯用的一种方法。但是有些时候很多人给对方设定最后期限的理由都是子虚乌有的，要警惕这种错觉。

# 警惕“人心对比策略”

有些人很懂得利用人们喜欢对比的心理，使自己在工作和生活中变得更加游刃有余。

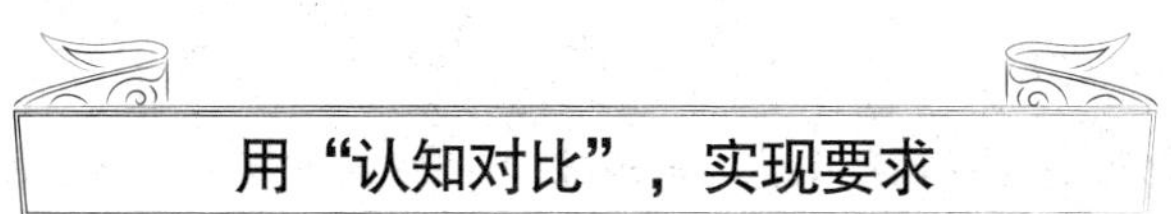

## 用“认知对比”，实现要求

桌子上有三杯水：一杯冰水，一杯温水，一杯热水。如果让一个人先将手放在冰水中，再放在温水中，他就会感到温水很热；换种方法，先让他将手放在热水中，再放回温水中，他就会感到温水很凉。同是一杯温水，由于对比的原因就出现了两种不同的感觉。这就是利用知觉差异，让人们对事物产生认知上的对比。

有一家向来运营很好的公司，由于在年底资金遇到了困难，只能发给员工一个月工资的年终奖金，而往年都是发两个月工资的年终奖金。公司老板为此很发愁，在想怎么做才能让员工接受这个决定呢？

“这就像给孩子糖吃，每次都是给一大把，现在突然变成了两颗，这一定会引起不满。如果年终奖金这件事处理不好，势必会影响到员工的工作情绪，也会影响到公司下一年的业绩。”想着想着，老板脑海中突然闪出一个妙计。

两天后，公司传出这样一则消息：“由于公司资金紧张，公司运营状况不佳，年底可能会裁员，甚至连年终的聚会晚宴也有可能取消。”听到这个消息，公司里顿时人心惶惶。每个人都在猜，自己会不会被裁掉呢？现在经济不景气，上哪儿找比这更好的工作呢？过了几天，又有消息宣布：“公司虽然艰苦，但决定要和大家同舟共济，再怎么艰难，也绝不会牺牲共患难的同事，公司决定不再裁员，但是年终奖金可能发不下去了。”大家一听说不裁员，悬着的一颗心总算放了下来，不裁员的喜悦早压过了不发年终奖金的失落。

到了临放假时，老板召集各部门主管们召开紧急会议。员工们面面相觑，不知道公司是不是又出现了什么新的状况。几分钟后，各部门主管们纷纷冲进自己的部门，兴奋地高喊着：“有了！有了！不但不裁员，而且还要发一个月的年终奖金！马上就会发下来，让大家回去过个好年！”

整个公司陷入了一片欢呼声和掌声之中。

这家公司的老板无疑是十分精明的，他懂得利用人喜欢对比的心理，让员工在认知上产生一种错觉，让原来可能无法被员工接受和认同的事，转眼间变得轻易就接受了。而且还让员工对他充满了感激，使得公司上下级的关系变得更加融洽。但在企业经营中这种方法只是缓兵之计，不利于企业长期的利益，也会为企业的发展埋下不利因素。在人际交往中我们要警惕这种交往方式，不能因眼前利益而失去真诚待人的原则。

# 当心“负债策略”

在这个世界上，能够帮助你的人其实分为两种：一种是真心诚意关心你，帮助你的人；另一种则是刻意的施恩者。他们利用人都有报恩的心理帮助你，以便日后收获更多的回报。对于后者，你要十分当心，宁愿找别人帮忙，也不能接受这种人的施恩，否则一不小心就会陷入报恩的无底洞之中。

## 交往中最怕受人恩惠

中国有“滴水之恩，当涌泉相报”的古训，它提倡我们要懂得感恩。但是有些人却利用人们的这种心理大做文章，他们对那些急需帮助的人施以物质或金钱的资助，然后再向他们不断索取回报，以得到更大的收获。这也是很多人害怕受人恩惠的重要原因。

那些利用人们感恩的心理向他人不断索取回报的“小人”，之所以能够屡屡得逞，正是因为大多数人对于做人、做事都遵循着互惠原则。人们普遍认为，我们应该尽量以相同的方式来回报他人为我们所做的一切。如果一个人接受了人家的恩惠却不打算回报，在社会群体中是极不受欢迎的。

一般来说，整个社会对不遵守互惠原则的人会有一种发自内心的厌恶感。最经典的案例就是商场里的“免费试用”。商家利用这种“互惠”策略，不仅让我们感到自己有义务回报他们的“免费试用”。这种“先小后大”的策略，实际上就是利用了人们的负债心理，从而索取更多的回报。

我们总是经不住销售人员给自己优惠的诱惑，在4S店买了车又买了很多装饰品；在电子柜台先买了数码产品又买了很多不实用的配件。为什么我们会情不自禁购买那些没什么用的装饰和配件呢？原因就是，当我们买完大件东西的时候，销售人员总会不失时机地送一两件小礼品，继而向我们推销一些小配件，这时我们的脑海就会想，“大件都买了，小件又没有多少钱”。因此，就毫不犹豫地买回家中任其闲置了。

生活中的此类情景都在提醒我们，对于那些“小恩小惠”，不要抱有负债感，应该坚定地说“不”。

## 负债心理易使自己受制于他人

我们接受了别人的恩惠，行动就容易受到限制，这种报恩的义务感削弱了我们的自主能力，在一定程度上把控制权交到了别人的手里。

很多时候，我们能自己解决的问题，就不要接受他人的恩惠，否则就容易限制自己对事情的选择行为，让思想和行动受限于他人。

有一个小男孩自幼喜欢音乐。不幸的是，他在10岁那年失去了父母亲，从此一个人过着流浪的生活。但男孩在心底却始终没有放弃他的音乐梦想，他常常一个人跑到艺人广场，观看那些艺人表演。他特别希望有一天能够拥有一把属于自己的吉他。

就在这期间，他认识了一位中年男子，男子看到了男孩身上的音乐天赋，于是对男孩说，他不仅可以收留他，而且还会给他一把吉他。男孩一心想着自己的吉他，没多考虑就答应了男子。从此中年男子管他一日三餐，虽然吃的不是很好，但男孩因为有了吉他，对这些一点都不在乎。

男孩身上流淌着极高的音乐天赋，如果加以正规的培训，很可能会成为一个音乐名家。中年男子自然也看到了这一切，但他并没有那样做。他想让男孩去艺人广场进行演出，每天为他赚取演出费。如果把他送去学习，日后成才后他就能独立，就会把自己一脚踢开。

从此之后，他每天要求男孩随他一起去艺人广场表演。男孩是一个懂事的孩子，懂得知恩图报的道理，虽有些不情愿，但还是答应了。

从此，男孩每天过着早出晚归的日子，为收养他的人赚钱，最好的学习时机自然也就错过了。

这个故事告诫我们：知恩图报固然没错，但在社交中，对那些别有用心的恩惠，我们要坚持说“不”。如果当初男孩拒绝了中年男子的要求，边打工赚钱、边接受正规的音乐训练的话，日后也许能成就一番辉煌事业。

为什么一点恩惠会有如此大的威力呢？关键就在于那种令人难受而又放不下的负债感。尽管互惠原则对人类社会的进步起到了很大的作用，但对每一个人来说，这种负债感都是一副迫不及待要卸下的重担。一旦受惠于人，就会感到如同芒刺在身，浑身都不自在。而我们之所以会痛痛快快地付出比我们所获得的多得多的一切，就是为了尽快使自己从这样的心理压力下获得解脱。

第七章

# 有些禁忌决不能碰

每天工作在狭小封闭、人群集中的空间里，彼此难免会发生一些小摩擦。每个人做事都要讲原则，有些人生中的禁忌一定不能触犯。

# 总经理要"管头管脚"，但不要"从头管到脚"

麦当劳快餐店创始人雷蒙·克罗克说："在公司管理方面，我相信'少就是多'的道理：你抓得少些，收获反而就多了。"作为公司的高层管理者，"走出"办公室是一种很好的管理方式，有利于将自己的管理才能发挥到最高水平。

## 学会做一只聪明的"懒蚂蚁"

经生物学家研究发现，蚁群集体活动时，大部分蚂蚁很勤快地寻找、搬运食物，少数蚂蚁整日无所事事、东张西望，人们把这少数蚂蚁叫做"懒蚂蚁"。当蚁群的食物来源被断绝时，那些平时很勤快的蚂蚁表现得一筹莫展，而"懒蚂蚁"们则"挺身而出"，带领众蚂蚁向它们早已侦察到的新的食物源转移。

相比较而言，在企业中"懒蚂蚁"更注重观察市场、研究市场、把握市场。总经理选择做一只“懒蚂蚁”，才可节省下来精力用于思考。

想当一名成功的总经理并不是一件容易的事，每天都要面对一些复杂琐碎的事和形形色色的人物。反之，如果作为总经理反而整天处理公司鸡毛蒜皮的琐事，势必会将自己折腾得筋疲力尽。

公司的总经理张总是一个出了名的勤快人，公司上下大大小小的琐事都要经他过目。刚开始，在张总的管理之下，公司的业绩越做越好。张总也是一如既往地坚持延续着自己的“完美”管理经验。

公司的规模慢慢扩大了，张总发现，公司要管的事情越来越多，公司的大小事情自己都要过问一番才安心，生怕下属做得不好，令自己不满意。张总渐渐觉得肩上的担子越来越重，卸也卸不掉，而且公司的业绩在逐渐下降，员工在公司也是“当一天和尚撞一天钟”。渐渐地，因为支付不出员工工资，公司最终还是没能躲过破产的厄运。

到最后，张总还是没有发现自己在管理模式上的误区，才是导致公司破产的原因。事实就是如此：如果老板每天都要处理公司的琐事，员工觉得无事可做，这样的公司终究会倒闭。

作为公司的管理者，就要学会做一只“懒蚂蚁”，将一些自己没必要亲自做的事情交给下属去做，这样下属也会觉得你相信他，你也可以借此机会提升一下员工的士气。

## 不要指手画脚地告诉员工该做什么

作为一个管理者，当下属犯了错误时，不要粗暴地对待，因为他可能已经很内疚了，过于激烈的指责，会严重挫伤其自尊心。更不要指手画脚地告诉员工该做什么，因为这样做会挫伤员工的积极性。公司的整体发展除了要靠管理者的合理经营，更要靠员工们发扬积极的工作态度。

作为公司高层管理者，不应该太专权，而应该考虑一下员工们的所思所想，别让自己的专权引起他们的反感，甚至产生报复心理。要给下属们一定的工作空间，让他们自由地发挥。要经常与下属们进行沟通，不要总是靠权力去控制他们。管理者的成功在于凭借以人为本来激励员工的士气，合理的领导方式才会让员工心服口服。

马经理是一家分公司的总经理，脾气很暴躁。整天对员工指手画脚，指示员工该怎样怎样做，总之无论大事小事都要让他满意才行。员工经常能听到马经理在办公室大发雷霆，还动不动就扬言要把某某开除掉。

一开始大家都很害怕，于是做事便都很小心谨慎。但后来大家渐渐发现发脾气只不过是马经理的“日常工作习惯”而已，并不能使公司产生什么实质的变化，于是大家便继续我行我素，根本不将马经理放在眼里。

马经理在员工眼里领导风范荡然无存，这样的领导是一个典型的失败的管理者。

在实际工作中，很多管理者总是喜欢自觉不自觉地在下属面前要一些威风，对下属的工作指指点点，以此来显示自己的领导权威。这样的领导往往忽视了真正的领导风范不是靠吓唬员工来体现，这样的领导反倒会令员工缺乏好的心情去为公司努力工作。作为领导，一定要以理服人，才能赢得员工的尊敬和信服。

# 办公室拒绝异性暧昧关系

办公室从来就不是一个令人寂寞的地方，有时男女同事间若有若无的好感就演变成了办公室的暧昧关系。但是办公室的暧昧关系远远不像人们想象中那么单纯，它还牵扯到利益，牵扯到职业前途，牵扯到人际关系……

办公室暧昧关系似乎比寻常的暧昧关系更增添了一丝危险的气味。

## 办公室暧昧“伤”最深

暧昧，本就是一种十分难以界定的情感，少一分则是友谊，多一分则是爱情。现如今，办公室是这种情感的高发地带之一。有调查显示，九成婚外情的第三者是出轨一方的朋友或同事，他们的感情产生得非常不经意，但中途抽身非常困难。

很多人总是不由自主地认为上下级之间的办公室暧昧不过是职场

中的一种现象。这种情况下，家庭关系和工作局面特别容易被破坏。如果你正面临着这种诱惑，要先想好是否值得付出这样大的代价去接受诱惑。

漂泊了许久的沈宁历经千辛万苦，终于找到了一份自己满意的工作。上班的第一天，她认识了同事王鹏。从穿着上看，王鹏是一个很有品位的男人。再次见到王鹏，沈宁的心里不免泛起一层小小的涟漪。但是，她随后就冷静下来，并告诉自己“来公司工作就是为了努力挣钱，先不要想其他的事情”。

沈宁渐渐地发现王鹏对自己比对其他同事要热情得多，沈宁认为自己是新员工，王鹏对自己照顾只是为了让她更好地熟悉业务。直到情人节那天王鹏约她出去吃饭，她才知道王鹏对她也有意。沈宁觉得年轻时谈几次恋爱并没有什么不妥，就答应做王鹏的女友。两人的恋情就这样悄悄拉开了帷幕。

两个人甜蜜地热恋着，一天，同事在办公室说要给王鹏随份子钱，沈宁迷惑不解：“什么份子钱？”沈宁还以为王鹏家里出了什么事，而王鹏没告诉她。同事告诉她王鹏准备结婚时，沈宁惊呆了。原来，王鹏一直在欺骗她。她成了破坏别人感情的“第三者”，自己却一点都不知道。

办公室“暧昧”究竟是无心温柔，还是处心积虑？对于某些人来说，暧昧完全是一场游戏。办公室的恋情就像是个温柔的陷阱，让人不由自主地往里面跳，结果往往会惹祸上身。破坏感情不说，还可能让自己的前途大受影响。职场中人一定要避开办公室暧昧，否则，最后受伤的一定是自己。

## 与异性同事保持等距离交往的关系尺度

身处职场，耳边经常传来这样的话："办公室的小李和小刘，关系好像不一般。""刚来的美女小嘉，好像和主任走得很近。"

如果你是一位职场人士，恰恰又听到了类似的关于自己的传言，那么你就要多加注意了。如果不是和你的同事或者是上级在正儿八经地谈恋爱，就应好好反思一下自己当下的处境。

在很多人看来，在办公室里玩"暧昧"大有好处。比如在工作上可以获得异性同事的鼎力相助，比如在职位升迁上可以得到上级的暗中提携。客观地说，通过这种途径有时确实能达到目的。但"暧昧"是一种很难把握的技巧，稍有不慎，就会"搬起石头砸了自己的脚"。

人们在空间或心理上的接近，会在情感上产生亲近感。异性同事之间有很多机会进行工作、生活、思想上的沟通和交流，聊得来产生好感也是正常的事。但与异性同事最好保持等距离交往的关系尺度，以免引发不必要的误会。

周端在一家酒店做销售工作。他对异性同事之间关系的掌控还是很值得人们借鉴的："工作中和女同事吊吊胃口、传传'情'是难免的，每天抬头不见低头见，只要大家高兴，没什么大不了的。不过女人真的是感情动物，在一起时间长了可能会动真感情，所以我和她们每个人都开一些随心所欲，甚至酸溜溜的玩笑，但绝对不和其中的任何一位走得太近，这是我个人觉得比较负责任的做法。”

作为职场人士，如果你平时爱开玩笑，忍不住玩暧昧游戏又怕惹火烧身，那么等距离地对待每一位异性同事，还是一种比较理性、妥当的做法。

最后，要提醒大家的是，在职场中不要奢望额外的收获，与异性关系融洽，但绝对不与固定对象特别亲密，对男性、女性来说道理是相同的。

# 没必要“事事争先”

某些人喜欢在人群中将自己的锐气和才华全部显露出来，急于在人前表现自己。在职场基层打拼的人，往往都急于展现自己的才能和实力，盼望尽快得到领导的认可和刮目相看，因而经常表现得锋芒毕露、急于求成。

## 不可过分炫耀自己

有句老话：好话不可说尽、力气不可用尽、才华不可露尽。当今社会是一个讲究协作的社会，尤其是在职场上，很多事情需要不同专长的人一起合作，才能达成最终目标。没有个性的人生像一杯淡而无味的白开水，而太有个性的人生又像一只长满了利刺的刺猬。锋芒毕露会使人在团队中太凸显自我，这样的人容易受人排挤。

陈华，28岁，硕士研究生毕业。初进公司时，他觉得在基层做事有些屈才，因此心里很不甘心，无论在大小场合，经常摆出一副自己很有才华的样子，希望老板能发现他的才华。

同事们却很讨厌他这样爱出风头的人。一次，上级有一个任务要交给他们部门做，部门经理开会通知大家，同事们异口同声地告诉经理："让新来的陈华做吧，他不是很有才华吗？"陈华也欣然接受，认为这样的任务对自己来说就是小事一桩。

但等真的接手以后他才发现，没有团队的协作，想完成这个任务是很难的。后来，陈华因为压力太大离开了公司。

在当下，锋芒毕露是一种展示自我才华的方式，因为这样可以让领导注意到自己。但同时锋芒毕露也是一把"双刃剑"。收敛锋芒不是说完全不能显示自己的才华。当今社会是一个竞争的社会，你可以展示才华，但不要"炫耀"才华；你可以表现得很聪明，但千万不要认为别人都是"傻子"。

## 切忌擅自做主

职场也是人际交往的战场，在领导和同事面前都需要谨言慎行，在你表现卓越的同时，切忌不要替老板做决定。

一个人的进步是离不开老板的栽培和提拔的，如何与老板相处，是职场中人必学的知识。在与老板相处时一定要维护他的权威，了解他内心深处的感受。只有体察到老板的意图再行事，才可能得到老板的欣赏，才不至于因言辞不慎而使自己的事业发展节外生枝。

朱杰进入公司不到两年就成为业务骨干，是部门里最有希望晋升的员工。一天，公司经理把朱杰叫了过去，说：“你进入公司时间不算长，但看起来经验丰富，能力又强。公司最近在外地开展了一个新项目，就交给你负责吧。至于交通方面你们可以坐长途车去。”

受到公司的重用，朱杰自然很兴奋。朱杰考虑到一行有六七个人，坐长途车不方便，而且一路的奔波也会很累，会影响谈判效果；乘一辆出租车又不够，而两辆费用又太高。朱杰计划着还是包一辆中型车好，经济又实惠。于是朱杰来到经理办公室，将自己的意见自信满满地跟经理汇报。

汇报完毕，朱杰满心欢喜地等着经理的赞赏。但是看到经理板着脸生硬地说：“是吗？可是我认为这个方案不太好，你们还是买票坐长途车去吧!”

朱杰愣住了，让他意想不到的是一个如此合情合理的建议竟然被驳回了。朱杰真是丈二和尚——摸不着头脑，大惑不解地问经理：“没道理呀，傻瓜都能看出来我的方案是最佳的。”经理更加生气了，扔下迷惑不解的朱杰扬长而去。

朱杰认为自己的方案是合情合理的，但由于他在经理面前自作聪明，修改了经理定下来的出行计划因此被驳回。但他没有意识到这一点，还固执地坚持自己的想法。这样的员工在公司虽说有晋升的空间，但机会很小，因为他在领导面前太抢风头了。

平时的工作中所取得的成绩，将会给你带来一定的荣耀。在你受到别人的赞赏时，要把这份荣耀归功于你的领导。否则，独吞荣耀将会影响你在公司的人际关系。

在职场上，如果行事不果决可能永远得不到重视。但是，事事都想做主又会招致老板的不满。切忌不要随意做老板的主，那样会为自己埋下危机的种子。

# 4 贪婪者不会有大作为

“贪婪”是一切动物的本性，人作为高级动物当然也避免不了，但如果人不懂得克制自己的贪欲，就无法有大作为。

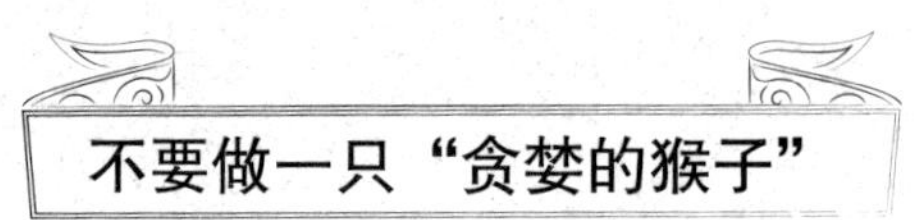

## 不要做一只“贪婪的猴子”

贪婪的人不懂得满足现状，他们总是在拥有的同时还想再继续得到。

在生活中，切忌做贪婪者，纵使眼前的利益在诱惑你，使你心动不已，你也要提高警惕，头脑中始终保持清醒的状态，不要被贪欲牵着走。

在一个山区的小村庄外的树林里有一群贪吃的猴子。它们很聪明，总是偷吃村民种的水果，又很难捕捉。村民们想了很多办法，用枪射麻醉针、用陷阱，但都无济于事。后来有一位生物学家为村民们出了一个主意：把一只窄瓶口的透明玻璃瓶固定在树上，再放入一颗小果子。这瓶子的口确实很窄，猴子的爪子刚刚能够伸进去。

到了晚上，一只猴子来到树下，把爪子伸进瓶子去抓果子，可抓住后爪子怎么抽也抽不出来。那个瓶子又系在树上，它无法拖着瓶子走。贪婪的猴子十分顽固，始终不愿意放下已到手的果子。第二天，村民们看到一只猴子在树下跟那只瓶子在较劲。

回头想想，从古至今有的人为了贪欲而丢了性命，有的人为了利益兄弟反目、妻离子散。《儒林外史》的严监生、《吝啬鬼》中的葛朗台等，都是贪婪、自私的人，他们最终没有任何作为，反而被世人耻笑。

不知有多少人因为太贪婪，毁了大好前程。很多时候他们不是败给了对方，而是败给了自己的贪欲。人应当用理智驾驭自己的贪欲，在面临危机时要果断地放弃即将给自己带来危险的东西。

## 贪婪的结局往往是一无所有

“贪婪”是最真实的贫穷，“满足”是最真实的财富。俗话说“知足常乐”，做人不可太贪婪！

世界如此美好，贪婪的人想拥有世间一切美好的事物。贪婪的人永远不知道自己究竟想要得到的是什么，没有目标，或者是目标太大，大得他们自己都说不清。所以说，贪婪的人之所以不会有大的作为，因为他们根本就没有最终的奋斗目标，只知一味地索取。

渔夫救了一条金鱼，给了它自由。金鱼答应满足渔夫所提出的愿望，渔夫简单的愿望很快被满足了。渔夫的妻子知道后，马上要求渔夫提高要求，让她成为女公爵。实现之后，她又提出要求，要成为女王。渔夫的妻子仍然不知道满足，最后竟要求成为上帝。金鱼被激怒了，把一切变回了原样，愤怒地离开了。

在漫长的人生道路上，往往会有与渔夫妻子一样的人，他们由于太看重眼前利益，该放弃时不肯放弃，结果一步走错，满盘皆输。做人不可太贪婪，索取也应当适可而止，待人待已，应当有一种知足常乐的心态，把握当下，不过度奢求，这才是实实在在的拥有，简简单单的幸福。

# 没有金刚钻，不揽瓷器活

经常听到老人说：没有金刚钻，不揽瓷器活！在与人交往中，我们更是要将这句话时刻铭记在心中，因为它告诉我们在人际交往中应该取舍有度，行为得当。

## 凡事量力而行

无论是在工作中，还是在生活中，人们多有一种攀比心理。有的人见不得别人比自己优秀、比自己强，遇到困难的任务，明知道自己不可能完成，还是要主动揽下来。

从名牌大学毕业的罗浩，毕业后待在家无所事事。身为机关高干的父母十分着急，怎么说自己在市里也是有头有脸的人物，怎么能让儿子毕业后待在家里混饭吃呢？于是，罗浩的父亲打算在一家知名的钢铁厂给儿子找一份工作，但儿子要求父亲给自己安排一个既轻松又挣钱的职位。父亲跟厂长一商量，决定让儿子做后勤部的经理，这份工作待遇挺好，也不需要过高的技术水平。但罗浩做了两天就不想干了，让父母跟厂长说再换一份让别人都高看自己的工作。

父母爱子心切，就跟厂长商量。因为罗浩父母都是高干，厂长也得罪不起，就让罗浩自己选职位，说只要他觉得合适就好。罗浩最后看上了副厂长的职位，这让厂长很为难，因为副厂长不好当，担心罗浩难以胜任。罗浩拍拍胸脯保证自己能做好。罗浩觉得自己毕竟是名牌大学毕业，有什么事情能难得倒自己呢?

谁知刚做了三天，厂里就被他搞得乌烟瘴气，厂里好不容易才谈妥的一笔生意也被他搞砸了。厂长觉得再这么下去，厂子非得倒闭不可，于是就跟罗浩的父亲说："贵公子既然没有金刚钻，何必要揽瓷器活呢？"罗浩最终还是从副厂长的位置上退了下来。

这个例子告诉我们，做事要量力而行。人活一世，有追求固然好，但是首先要自己有做事的能力。无论做任何一件事，都要有自知之明，要切合实际、量力而行。只有在适合自己的岗位上，才能轻松自如地干好事业，创造出成绩。

有些事越刻意去做，往往会适得其反。在承担任务之前要考虑一下是否适合自己去做，以及自己是否有能力去做。每一位战士在上战场之前，总要检查一下自己手中的枪，看看弹药是否充足，坚决不能打无准备之仗。

# 不要介入客户的私人生活

在商业往来中，如何与客户建立起良好的关系呢？有人说：打入客户内部，然后寻机将客户一举“拿下”。这也不是一个不可行的办法，但是一定要记住：不要刻意去打听客户的私人生活，过于贴近客户的生活反而会带来负作用。

## 远离客户的私人生活

赢得客户的支持，才能保证生意成交。在一般情况下，客户签单与否直接关系到业务员的奖金，所以，业务员一定会竭尽自己最大努力去挽留客户。在与客户的交往中，有些业务员往往会把客户调查得一清二楚。

人们都不喜欢在工作的时候，谈及自己的私人问题。如果过多打听客户的私生活，很有可能会令客户反感。

黄娜是公司的业务骨干，总经理也很看好她，许诺等她再签下一个大单后，就把她提升为经理。黄娜得到这个消息很高兴，她准备将手中这一单生意做好，这样就能成功晋升了。

黄娜接到任务后，发现到这次的合作公司是好朋友燕所在的公司，黄娜曾经听燕说过自己的老板是一个不苟言笑的冷漠男人。黄娜犯难了：这该怎么办啊？万一这单生意做不好，自己的升职梦也就破灭了。

黄娜暗暗地想，先从那个冷漠的老板背后，看一下他到底是怎样的一个人。于是，黄娜开始千方百计搜集这个老板的资料，还偷偷地跟踪他，甚至还去幼儿园向老板女儿的老师打听他们家的情况。当听说那位老板和妻子已经离婚时，黄娜又开始到老板邻居那里打听人家为什么离婚。黄娜没料到，邻居将这些话又全部告诉了那位老板。那位老板十分生气，打电话到黄娜任职的公司，投诉黄娜影响了自己的正常生活。

几天后，总经理把黄娜叫进办公室训了一通，责怪她毁了一个大单子。而之前许诺的升职之事，自然也成为泡影。

人们往往会对过度了解自己私生活的人产生反感心理，因为大家喜欢将工作和生活区别对待。在与客户的日常交往中，不要过于贴近客户的私人生活，更不要因为让客户对你产生厌恶心理。

## 与客户保持适当距离

在快节奏的工作中，每个人都希望拥有自己相对独立的空间。这些空间是排外的，是不希望有外界干扰的，尤其排斥具有经济利益关系的公司或个人，这几乎成为生意上一个不成文的规则，层次越高则遵守度越强。

但是在业务往来之中，常常会有一些人通过种种途径希望获得与自己有关联的客户的私人信息。这种行为一旦被客户察觉，以后的业务往来就很难再继续下去。在这一点上，倒是可以借用一下西方发达国家在职场上的交往原则，双方既不过问年龄，也不过问收入，双方在业务往来中可以很坦然地进行交谈。

姜楠在一家医药公司做医药代表。一次，另外一个大公司的总经理费了九牛二虎之力，帮助姜楠打开了某市的市场，并为公司省下了几十万元的开发资金和两个月的开发时间。这个业绩在医药公司引起轰动，姜楠也因此得到公司高层领导的高度赞赏，随即被提拔为北方大区16个省市的经理。

此后的日子里，姜楠和这位总经理结下了深厚的友情。有一天，他请姜楠到自己的姐夫家里共进晚餐。没过几天，这位总经理对姜楠说："贵公司在我市缺少一位地区经理，是吗？"姜楠说："是的。"他接着说："你看我的姐夫如何，是不是可以聘他担任我市的经理呢？"姜楠说："我向公司汇报一下，好吗？"姜楠心里非常清楚公司的人事原则，客户的亲属是不能聘为公司员工的，何况还是一个重要地区的经理，所以这件事他根本没有向公司请示。

过了几天，姜楠对这位总经理说："公司不同意聘请你姐夫，我实在没有办法，还望您多多原谅。"这位总经理听了非常不悦，但冷静下来后，也逐渐理解了姜楠的难处。

姜楠坚守公司的原则，没有为自己的“兄弟”大开方便之门。这也提醒我们，在工作中，既要与客户保持亲密关系，又要保持一定的距离，不可公私混淆，避免在工作中丧失原则。

# 把个人友谊和业务往来分清楚

职场友谊一般都是建立在业务往来之后的。那么，职场友谊究竟是优势，还是负担？

在职场中打拼的人们应该注意区分个人友谊和业务往来，切莫混为一谈。

## 把握与客户往来中的“度”

职场中另一种非常微妙的人际关系，就是和客户之间的个人友谊。和客户之间的个人友谊往往会受到个人利益的牵制，毕竟两个人之间除了是朋友，还是战略伙伴关系，在与客户建立个人友谊的时候，一定要注意与业务往来区别开来。

公司派晓岚去跟客户刘威谈合作事宜。两个人见面后聊得很投机，在愉悦的气氛下双方签订了合作协议。晓岚代表公司给了刘威公司很大的好处，这使刘威打心眼里感激她。

两个人在公事结束之后，经常靠网络或电话联系。刘威了解到晓岚比自己大3岁，至今还是单身。想到她一个人在这个既熟悉而又陌生的城市生活，刘威很同情她，因为自己也是一个人孤独地生活在这个城市。两个人慢慢地发现对彼此都有那么一些好感，于是就走到了一起。

两个人在业务上是很好的搭档，公司之间的业务也大多靠他们来牵线搭桥。晓岚是公司比较看好的骨干，公司很相信她的实力，每次业务合作她都会给刘威提一部分好处费。刘威也很珍惜这个机会，心想有这么一个能干的女朋友，自己也就知足了。

但相处久了，矛盾也不可避免地出现了。晓岚经常挑刘威的毛病，觉得他性情太懦弱。后来刘威也受不了晓岚脾气大，两人就分手了。从此，由于两个人之间关系尴尬，两家公司也渐渐地中断了业务往来。

在与客户保持个人友谊的同时，最重要的就是要保持独立和客观。感情的过分投入很容易让人失去判断，也容易让人受制于这种亲密关系，造成很多“你不知如何开口、他不知如何拒绝”的尴尬局面。双方的老板、同事会或多或少地认为你们在交易中牺牲了公司利益。尽管与客户的个人友谊会对工作产生很多积极的影响，但如果你觉得自己无法把握其中的尺度，还不如与客户保持一定的距离。

## 准确拿捏与客户之间的关系

与客户交朋友，一定要把握好分寸，在平时与客户的私人往来中，最好不要谈及生意方面的事情，否则使已方公司蒙受损失或处于被动境地，也很容易使自己两面为难。因为你本身就有带着利益去跟客户往来的想法，所以很难保持中立和客观。

何月是一家化妆品公司的业务员，聪明伶俐的她深受老板和客户的好评。于亮是何月的老客户，何月在之前任职的日化公司就与于亮有业务上的往来。何月跳槽到现在这家化妆品公司之后，双方仍然保持联系。

何月的性格属于活泼开朗型，很受周围朋友和同事的欢迎。于亮也很赞赏何月为人处世的风格，经常在业务之外约何月吃饭聊天。两人在业务上是很好的合作伙伴，在工作之外又是很好的朋友。俗话说：日久生情。两人都被对方深深地吸引着。一天，于亮终于向何月表达了自己的爱意，何月虽嘴上不说，但还是默默地接受了他。

两人的感情日益升温，相处得很是甜蜜，还打算在“五一”结婚。但是，掺杂着利益的感情最终没能经得起考验，两人的关系在“五一”前一个月“瓦解”了。

何月的公司新推出了一款面膜，公司为了打开市场，派何月去做市场调研，如果能成功推出面膜就给何月升职。同时，于亮的公司为了提高公司的知名度，也研发了一款市场上少见的植物面膜，如果于亮能打开市场，就将他的工资提高50%。于亮听说何月的公司也在推这一类产品，就鼓动何月上报她所在的公司这一款不好做，而且已经有其他家在做了。植物面膜在市场上深受女性用户的欢迎，市场很大。何月不同意于亮的建议，两个人“各怀鬼胎”，在利益面前谁也不肯退后一步，就吵了起来，结果计划好的婚约取消了，两个人最终以分手告终。从此，两个人所在的公司也中断了业务往来。

一般而言，在生意场上凡牵涉到经济利益，就很难再建立起真正的友谊，即使试图建立所谓的“友谊”，也是为经济目的服务的。所以说，在与客户交朋友时，要注意距离产生美，不要刻意将“业务”和“友谊”强行靠拢，而是要保持二者之间的相对独立地位。

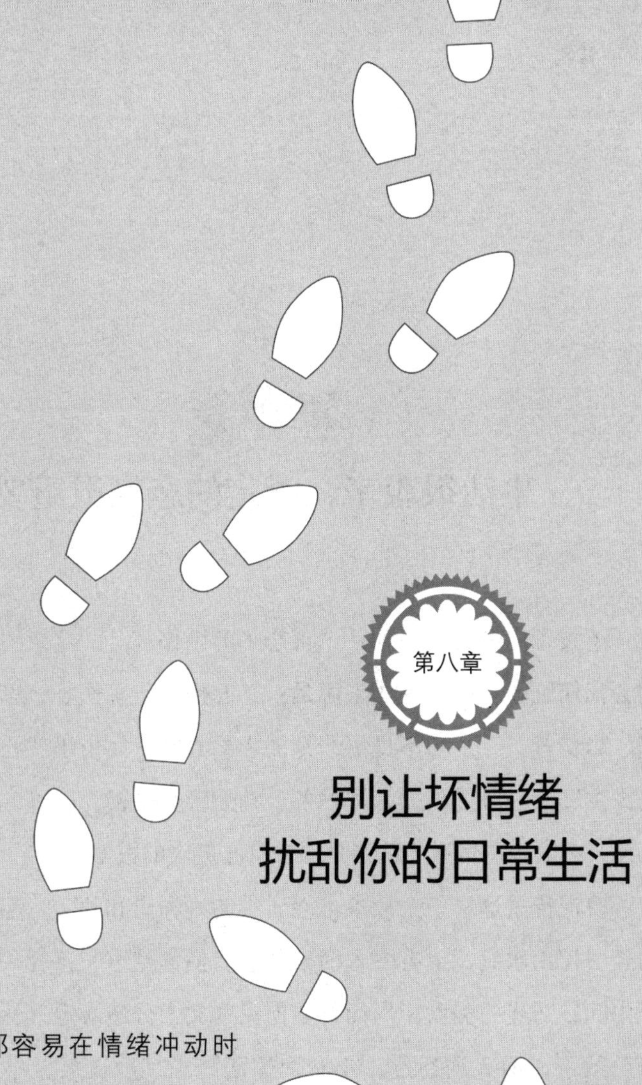

第八章

# 别让坏情绪扰乱你的日常生活

许多人都容易在情绪冲动时做出使自己后悔不已的事情来，因此，应该采取一些积极有效的措施来控制自己冲动的情绪。

# 生活很艰辛，淡定的态度很重要

《黄帝内经》中提到："喜怒不节则伤脏。"这说明情绪不加节制会损伤脏腑功能。具体来说是："怒伤肝、喜伤心、思伤脾、忧伤肺、恐伤肾。"一切不良情绪都能影响心脏，而由于"心为五脏六腑之大主"，心脏受伤，人体的各个功能皆会受损。所以，拥有淡定的心态，有效控制偏激的情绪是保证身心健康的根本。

曾流传过这样一个故事：寺庙中的小和尚和师父一起下山化缘，路经一深山水涧，上有一木横架两端。横木甚窄，仅容一人通行。行至中间，巧逢一美女相向而行。但见师父十分地淡定，从容抱美女转身后放下，两人均通过。小和尚惊而趋之。后良久，小和尚费解问之。师父曰：淡定！我早已放下!何故问及！小和尚细思量后方悟。

常抽时间同态度乐观、生活积极的好朋友一起小聚，谈谈最近的感受，如果有不顺之事，不妨倾诉一下不快的心情，自己也会放松许多。事实上，谈心不仅能减轻紧张情楮，还有增进人体免疫力的功能。但请注意：不管自己这一天多辛苦、多不高兴，回到家里，都应该把今天发生的一件好事情同家人分享。快乐的家庭气氛可以更有效地转移自己的压力，增强工作的动力更好地工作。

人生之路短暂而又漫长，每个人都在面对无常的人生。请看淡我们的得失，看淡我们的输赢，看淡经历的一切，这都只是我们人生道路上的一段历程。行走在途中，我们不可迷失自己，要在过程中磨砺自己，在过程中使自己淡定，风雨过后，我们会迎来更为美好的明天！

# 痛苦并非想象的那么大

一位青年从未看见过海，他非常想看一看海。有一天当他来到海边时，那儿正笼罩着雾，天气又冷。“啊！”他想，“我不喜欢海。幸好我不是水手，当一个水手太危险了。”

在海岸上，他遇见一个水手。他们交谈起来。

“你怎么会爱海呢？”青年问，“那儿弥漫着雾，又冷。”

“海不总是这样的。有时，海是蔚蓝美丽的。但无论天气怎样，我都爱海。当一个人热爱他的工作时，他不会想到什么危险。我们家庭的每一个人都爱海。”水手说。

“你的父亲现在何处呢”？青年问。

“他死在海里。”

“你的祖父呢？”

“死在大西洋里。”

“你的哥哥？”

“他在印度海边游泳时，被一条鲨鱼吞食了。”

“既然如此，”青年说，“如果我是你，我就永远也不到海里去。”

“你愿意告诉我你父亲死在哪儿吗？”

“啊，他在床上断的气。”青年说。

“你的祖父呢？”

“也是死在床上。”

“这样说来，如果我是你，”水手说，“我就永远也不到床上去。”

人生之中，有阳光灿烂，也有风雨闪电。如果惧怕困苦而退缩不前，你的生命轨迹只会是大大的“0”。其实，正视种种磨难和痛苦，你会发现，眼前的绊脚石并没有想象中的那么巨大、不可逾越。

一位国王曾有一次去海上巡游。船在航行中，不巧遇上了大风暴。有一名士兵因为是第一次乘船，所以害怕得又哭又叫个不停，船上的人都受不了，而国王也想下令把他关起来。

这时国王身旁的一位大臣说：“不要关他，让我来处理。我想我可以使他马上安静下来。”大臣随即令水手将那位士兵绑起来，丢入海中。可怜的士兵被丢下海，更是高声咱呼叫；过了几秒钟，大臣才叫人把他拉上船来。回到船上后，说也奇怪，那个刚才歇斯底里地乱叫的士兵，静静地待在船舱一角，半点声音也没有。

国王好奇地问这个大臣何以会如此？大臣回答说：“在情况变得更加恶劣之前，人们很难体会到自身是多么幸运。”

我们常为一些小灾小难而叹息、流泪，殊不知与其他大不幸相比，这就算是身在福中不知福了。有时候，我们要感激生命中遭遇的痛苦，因为它让我们更真切地认识到了自己的幸福。

# 海纳百川，有容乃大

一天，在开往费城的火车上，一个中途上车的妇人。她走进一节车厢，坐在了座位上。对面是一位略显肥胖的男子，正在吸烟。这位妇女禁不住咳了几声，可是，那位男子丝毫没注意到她的暗示行为。最后，妇人忍不住开口说："你多半是外国人吧！大概不知道这趟车有一节吸烟车厢，这里是不让吸烟的。"那位男子一声不吭，掐灭了香烟，扔出了窗外。

这时，列车员走过来对妇人说，这里是格兰特将军的私人车厢，请她离开。她听了大吃一惊，心里很害怕，站起身往门口走。格兰特将军仍像刚才一样，没有给她任何难堪，甚至脸上都没有取笑、嘲弄她的神情。

古今中外，许多伟人身上都有大度、宽容的美德，这也是他们能够被人们尊重的原因之一。

格林夫妇带着两个儿子在意大利旅游，不幸遭劫匪袭击，七岁的长子尼古拉死于劫匪的枪下。就在医生证实尼古拉的大脑确实已经死亡的十个小时内，孩子的父亲立即决定，同意将儿子的器官捐出。

四小时后，尼古拉的心脏移植给了一个患先天性心肌畸形的十四岁的孩子；一对肾分别使两个患先天性肾功能不全的孩子有了活下去的希望；一个十九岁的濒危少女获得了尼古拉的肝；尼古拉的眼角膜使两个意大利人重见光明。就连尼古拉的胰腺，也被提取出来，用于治疗糖尿病……尼古拉的脏器分别移植给了急待救治的六个病人。

“我不恨这个国家，不恨意大利人。我只是希望凶手知道他们做了些什么。”格林说，嘴角的一丝微笑掩不住他内心的悲痛。而他的妻子玛格丽特庄重、坚定、安详的面容，和他们四岁幼子脸上成人般的表情，尤其令意大利人的内心受到震撼！他们虽然失去了自己的亲人，但事件发生后他们所表现出来的宽容与大度，令全体意大利人深感羞愧。

在生活中，我们应当学会宽容、大度。古人说：“大度集群朋。”一个人若能有宽宏的度量，他的身边便会聚集起大群知心朋友。

大度，表现为对人、对事能“求同存异”，不以自己的特殊个性或癖好律人。

大度，也表现为能够听得进各种不同意见，尤其能够认真听取相反的意见。

大度，还要能够容忍他人的过失，尤其是当他人对自己犯有过失时，能不计前嫌、一如既往。

大度，更表现为能够虚心接受批评，发现自己的过失便立即改正。和他人发生矛盾时，能够主动检查自己，而不文过饰非、推卸责任。

大度者，能够关心人、帮助人、体贴人，能够做到责己严，待人宽。

有首诗写道："占便宜处失便宜，吃得亏时天自知。但把此心存正直，不愁一世被人欺。"内心正直、胸怀雅量，才能包容万物，才能以美好、善良之心看待万物。

那么，如何培养度量呢?

凡是小事，不要太过计较，要多原谅别人的过失；

不如意的事来临时，泰然处之，不为所累；

受人讥讽，不要睚眦必报；

学会吃亏，把便宜让给别人；

多发现别人的优点，少盯着别人的缺点。

# 患得患失，得不偿失

在生活中，总是会有这样一些人：他们做什么事情都要再三思量、反复考虑，把方方面面都考虑得十分周全，做完之后又放心不下，稍有不妥，就担心把事情办砸，还担心别人对自己有看法，极其重视个人的得与失，心里得不到片刻安宁。这种人的心态其实就是典型的患得患失心态。

“患得患失”的意思是：担心得不到，得到了又担心失掉，形容对个人得失看得很重。有一句话说得好：“人生常会有得有失，但不可患得患失。”“得”与“失”是每个人都不可避免要面对的问题，但如果你不能以淡然的心态去面对得到和失去，做了错误的决定你往往会得不偿失。

事业成功是许多人奋斗的目标。有些人抓住了机遇，所以他轻而易举地就成功了；可是有些人，总是徘徊在机遇面前，盘算自己会得到哪些，又会失去多少。可是，成功的机会就在他盘算失去与得到中悄悄地溜走了。

有两兄弟，老大是一个很心细的人，处处都考虑得很清楚，有一点不符合他想法的事情，他是绝对不会去做的。老二则不同，只要是一个机会，而且在他的能力范围之内，那么，他就要去试一试。

他们两个人同在一个工厂里打工，而且工作都很努力，在厂里完成的工作量都是数一数二的。一次老板对他们两兄弟说，如果有人愿意在厂里待五年，那么五年之后，他就可以升为主管。而且在这五年时间里，完成的数量还要数一数二，如果完不成，就只能拿到最基本的工资。

老大想来想去，认为这样很不合理，而且约定的时间太长。他迟迟做不了决定。老二却是这样想的：在这五年时间里，我可以有一份稳定的工作，只要努力工作就不会有被辞退的危险，于是他就答应了老板。

老大没有干完两年，就被工厂辞退了，由于学历有限，再也找不到工作了，回到农村家里种地；老二则因为五年来工作量一直出色成了主管。

成功在犹豫中失去，这就是患得患失的代价。成功的机会是要靠自己努力去争取的，可是如果一心计算着得与失，下不了决心，那么机会会一步步地远离你。人生本就是取与舍的一生，如果不能够勇敢地面对、果断地选择，错过的将是整个人生。

一个人总在计算得到的多还是失去的多，说明这个人心态有问题。如果能够放下心中的包袱，哪怕在他人看来你失去了很多，你也会觉得未来会得到更多，因为你的心里在乎的不是失去，而是得到。而患得患失，只会让自己失去更多。

在现实生活中，有些人并没有把“取”与“舍”看得很清楚，一味为了钱而拼命地去工作，为了赚钱，可以舍去亲情、出卖友情、抛弃爱情，最后只得来一个月工资区区几千元的工作。还有一些人把生活当成副业，把赚钱当成主业，为了能够赚到钱，为了争一口无所谓的气，而不惜挺而走险，这些负面影响带来的伤害，要远远高于可能得到的经济利益，得不偿失，这是人生中的大忌。

患得患失，往往会使人为了得到一己之利，打击和排斥异己，甚至不择手段，无所不用其极。同时患得患失的人自己也不会好受，他们活得并不轻松，心里往往承受着比别人大得多的压力，弄不好还会顾此失彼、前功尽弃。

所以，当我们在得与失之间犹豫不决的时候，一定要保持清醒的头脑，不要做锱铢必较、追名逐利的选择。对于得与失，应该用长远的战略的眼光去看，才会更有价值和意义。只有那些目光短浅的人，才会只顾眼前利益，而看不见利益背后的隐患，更看不见紧跟在“失去”后面的“得到”，因为他们对于“失去”唯恐避之不及，早就逃之夭夭了。

“患得患失”是人生的精神枷锁，是附在人身上挥之不去的阴影。现代社会竞争加剧，患得患失的人越来越多，能够从容不迫的人越来越少。患得患失的人总是怕会失去什么，什么都不想丢下，最终往往什么都得不到。

正如哲学家叔本华说的那样：患得患失是在痛苦与无聊、欲望与失望之间摇晃的钟摆，永远没有真正满足、真正幸福的一天。

# 不要把“撞线”当成最大的光荣

在人生竞技场上，“撞线”成为“第一人”未必就是当成最大的光荣。习惯了当“第一”的人有时也是脆弱的，站众人之上的滋味尝尽，如再有下落，感受的可能就是悲凉，于是，就逼迫自己不计后果地拼命向前。可在人生中每个阶段，“第一”的诱惑总在眼前，于是争夺“第一”就成了一种负担。

站在“第一”位置的人不一定永远是胜者，每一次第一总是一时的风光，却赢不来一世顺畅。时代的风向总在转变，那些被吹走的名字，总是站在队列的前面。争“第一”的人，眼睛总是盯着对手。也许，每一个战役，你都赢了，但夜深人静，一个又一个伤口，会让自己触目惊心。何必把争来的“第一”当成生命的奖杯呢？我们每一个人，都只不过是和自己赛跑的人，在那条长长的人生跑道上，追求更好强过追求最好。

有人说过：“英雄就是做他能做的事，而平常人就做不到这一点。”实际上，每个人无论做何事，都必定有他所能达到的最高高度，并非一定要求自己超过某人，达到某一程度、某一目标。只要尽了自己所能，问心无愧，最终能达到什么样的高度并不重要。人活着，目标不妨定得高远些，但在实际生活中，能及时地认识到并承认自己的缺点，会令自己更加清醒，能使自己在必要的时刻及时转舵，增强驾驭人生的能力，使自己在有限的生命中得到更多可腾挪的空间，使自己生活得更加从容。

美国一家租车公司长期以来以业内第二自居，却一直好评如潮。这家租车公司原本经营不善，由于冗员太多，员工工作态度又散漫，车子交到租车者的手中，车子表面肮脏极了，会被讥讽是“逃犯开的车子”。名声差到此地步，怎能不面临倒闭?

尽管如此，这家租车公司的市场占有率仍高居第二，只是离市场占有率第一名的租车公司，有好大一段距离，而排在第三名的公司正在奋起直追。

后来公司聘请了一位有“经营之神”美称的奚得先生做总裁，他到任后在公司内部进行了大刀阔斧的改革，先是采取重罚重赏的方式，提高员工的服务意识和服务水平，接着花重金寻找广告公司为公司做形象广告。

广告大师彭巴克先生，经过一番调查和策划后，告诉奚得先生：广告就坦白直率地告诉大家——我们在租车行业中，排名第二。

奚得先生深感怀疑：“我们排第二，为什么人家要租我们的车子？”彭巴克先生的答案是：“我们更努力。”

奚得先生接受了这则广告，之后公诸于众，坦坦白白、毫不讳言“自己差，因此要更加努力”。这样不仅对内部员工有所激励，而且对顾客而言，他们看到了一个努力向上的公司，也看到了它的变化。

不久后，公司业绩急速上升，市场占有率越来越接近第一名，但是第一名的业绩也没有衰退，落后二者更远的是第三名。

这则经典广告还有一句后续的广告语："其实当老二也不错，我们有更努力的空间。"

在所有的车子上都贴了奚得先生的电话，如果租车者发现车子不清洁，可以直接打电话给他。因为他承诺过："我们是第二，所以要更努力。"

有一段时间，他们自认为逼近了第一，便放弃了第二的口号，结果业绩又出现下滑，因为大家认为他们不想再努力了，这是他们始料未及的事。

生活不可能完美无缺，也正因为有了残缺，我们才有梦想，有希望。当我们为梦想和希望而付出我们的努力时，我们也是在塑造完整的自我。生活不是必须拿满分的考试，生活更像是一个足球赛季，最好的球队也可能会输掉其中的几场比赛，而最差的队也有发挥出色的场次。我们向往完美，但绝不可凡事要求完美，否则就只能是永无止境地修改，最终也达不到完美的地步。

记住，完美只是一种理想。人要学会接受"不完美"。接受"不完美"，如同接受不同的色彩。有不同的色彩，才有可能拥有多彩的人生。

# 接受“不完美”，才会更圆满

25岁的李浪大学毕业，做了一名公司职员。她的第一次恋爱还是在学校读书时，初恋男友陈浩高大英俊、活力四射，对李浪十分呵护、体贴，李浪却容不得陈浩的一点点过失。有一次约好看电影，陈浩因为迟到了5分钟，她就认为陈浩不重视她，也不肯原谅他，最终选择了和他分手。

第二次恋爱的男友海波是一个公务员，特别爱好文学。她欣赏他的文学才华和儒雅的外表，两人很快坠入爱河。最初的时光浪漫而又纯美，但是海波提出要结婚时，她却有些犹豫，因为一旦决定做妻子，她希望自己的伴侣不仅才华横溢，还要事业有成，物质条件充裕。但海波是一个每月只能领2000元钱的小公务员，她无法想象婚后生活的清贫，于是不断地鼓励海波辞职经商。在她的软硬兼施下，海波无奈地辞职，加入了南下的淘金大军当中。但他的性格根本就不适合经商，一年下来，不但没有挣到钱，还贴进去了十几万元，就这样，二人的矛盾在相互指责和抱怨中越来越深，最后只好无奈地分手。

李浪想要找一个“完人”来做自己的伴侣，这就是完美主义心理。

有完美主义情绪的人表面上很自负，内心深处却很自卑。因为他们很少能看到优点，总是关注缺点，总是不知足，不知足就不快乐，痛苦就常常随之而来，周围的人和他们相处也会不快乐。

人无完人，金无足赤。没有一个人是完美无瑕的，难道有缺点和不足就注定要悲哀，要默默无闻，无法成就大事吗?其实，只要你把“缺陷、不足”这块堵在心口上的石头放下来，别过分地去关注它，它也就不会成为你的障碍。假如能疏导你那已无法改变的缺陷，那么，你仍然是一个有价值的人。

## 客观地估计自己的潜能

我们既不要把自己的能力估计得太高，也没必要过于自卑。有一分热，就发一分光。如果你事事要求完美，这种心理本身就会成为你做事的障碍。不要用自己的短处去与人竞争，而是要在自己的长处上培养起自尊、自豪和对工作的兴趣。

## 正确看待“失败”和“瑕疵”

一次乃至多次的失败，并不能说明一个人价值的大小。仔细想一下，如果从不经历失败，我们能发现生活还有起起落落吗？因为成功仅仅只能坚定我们期望的信念，而失败则为我们提供了独一无二的宝贵经验。而人只有能承受住失败后的悲哀，才可能登上成功的巅峰。

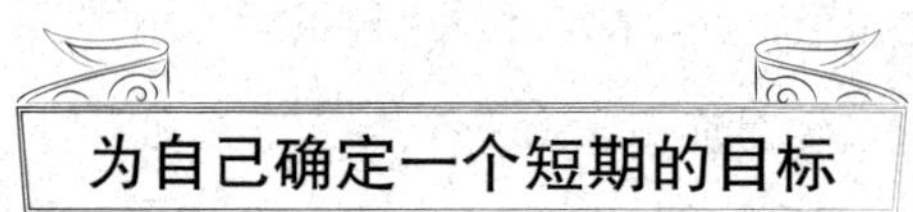

## 为自己确定一个短期的目标

寻找一件自己完全有能力做好的事，然后去把它做好。这样你的心情就会轻松自然，办事也会渐渐有信心，继而感到自己更有创造力和更有成效。实际上，你不追求出类拔萃，而只是希望表现良好时，你会出乎意料地取得更佳的成绩。

确业一个切合实际的短期目标，可以为你提供一个新的起点，使你循序渐进地实现事业上的发展。同时，你的生活也会因此而充实起来，变得富有色彩，充满人情味，进而发现很多事情并不像你原来所想得那样暗淡。

# 接受不可避免的事实

许多不愉快的经历，我们是无法逃避的，也是无法选择的。我们只能接受已经存在的事实并自我调整，抗拒已经存在的事实，不但可能毁了自己的生活，而且也许会使自己精神崩溃。

## 不再为昨日的阳光叹息

有一位很有名气的心理学教师，在给学生上课时拿出一只十分精美的咖啡杯。当学生们正在赞美这只杯子的独特造型时，教师假装失手，咖啡杯掉在水泥地上摔成了碎片，这时学生中不断发出了惋惜声。教师指着咖啡杯的碎片说："你们一定对这只杯子感到惋惜，可是这种惋惜也无法使咖啡杯再恢复原形。今后在你们生活中遇到了无可挽回的事时，请记住这破碎的咖啡杯。"

这是一堂很成功的素质教育课，学生们从此懂得：人在无法改变失败和不幸的厄运时，要学会接受它、适应它。

荷兰阿姆斯特丹有一座15世纪的教堂遗迹，墙上有这样一句让人过目不忘的话：“事必如此，别无选择。”

生命中总是充满了不可捉摸的变数，如果这些变数给我们带来快乐，当然是很好的，我们也很容易接受。但事情往往并非如此，有时，它带给我们的会是可怕的灾难。这时如果我们不能学会接受它，如果让灾难主宰了我们的心灵，生活就会永远失去阳光。

要记住：昨日的阳光再美，也移不进今日的画册。

接受事实是克服任何不幸的开始。

我们每个人迟早要明白这个道理：我们只有接受并配合不可改变的事实。“事必如此，别无选择。”即使贵为一国之君也应该经常提醒自己。英王乔治五世在白金汉宫的图书室就悬挂着这句话：“请教导我不要凭空妄想，或作无谓的怨叹。”

显然，环境不能决定我们是否快乐，我们对事情的反应决定了我们的心情。

我们都能度过灾难与悲剧，并且战胜它。也许我们察觉不到，但是我们内心都有更强的力量能够帮助我们挺过去。我们都比自己想象得更坚强。

成功学大师卡耐基也说：“有一次我拒不接受我遇到的一种不可改变的情况。我像个蠢蛋，不断作无谓的反抗，结果带来无眠的夜晚，我把自己整得很惨。终于，经过一年的自我折磨，我不得不接受我无法改变的事实。”

面对不可避免的事实，我们就应该学着做到诗人惠特曼所说的那样：“让我们学着像树木一样顺其自然，面对黑夜、风暴、饥饿、意外与挫折。”

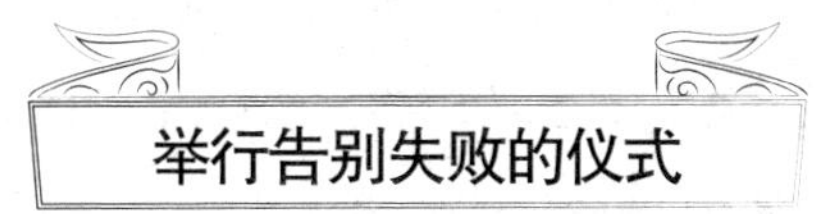

## 举行告别失败的仪式

举行告别失败的仪式是有道理的。仪式一向标志我们人生的变化：生日、成人典礼、婚礼，甚至离婚证书，都宣告人们一个阶段结束，另一个阶段已经开始。但是向失败告别却没有固定的仪式。如果我们幸运的话，失败的影响会逐渐消退，但是它不会自行在某一天断然结束。

其实，告别失败的仪式确实有必要，因为失败往往不是干净利落的事情。当初我们的安全感被撕扯掉时，会留下粗糙的伤口，除非我们把这些障碍清除干净，否则残渣就会成为未来蓝图上的障碍。

## 忍耐，必不可少的品质

在对千百位人士的研究中，心理学家发现，那些耐性很好的人士比耐性不好的人士更少患有心理和身体上的疾病。这再次证明了耐性的好坏对身体健康程度的影响。许多时候，人们并不十分清楚自己的身体是否真正健康，而耐性会帮助人们弄清这一问题。在对这些人士进一步的研究中发现，有耐性的人将遭受更少的痛苦，并且他们会在很短的时间内就从痛苦中摆脱出来。

园艺学家用耐寒力来描述植物抵抗寒冷的能力。在天气变寒冷以前，植物加厚了自己的细胞壁，以增强自身耐寒力度过严冬。耐性在我们人这里，指的是一个人抵抗生命中严酷状况的能力。耐性是生活健康和整体素质的一种预言性的东西。通过看一个人耐性好坏，就可了解其身心健康状况。

要想成为人生的赢家，你必须要有战胜挫折、失败、打击的能力，而首先是你必须拥有耐性。纽约大学的一位心理学教授对此进行了20多年的研究。在研究过程中，她充分意识到“耐性”这一品质对一个人生活的影响。她发现，那些有耐性的人在生活中所受到的痛苦比缺乏耐性的人要少得多，逆境给他们造成的不利和损失也要少些。

一位政治犯被关了二十几年，释放出狱后接受记者采访，记者问他是怎么度过这二十几年的，这位政治犯说：“我把自己当成‘符号’，你可以捶我撞我，捏我拉我，我会变形，可是‘符号’依然存在。换句话说，环境再怎么折磨我、打击我，我的外在会随之改变，但我的内心依然不变，我就是我!”

每个人一生中都会遭遇困境，有些困境挺一挺就过去了，有些困境却让人感到茫然与绝望，不知何时希望才会来临，意志薄弱的人很容易就在严苛的环境中迷失自己；但也有人采用刚烈的手段，以硬碰硬，结果也改变不了现实，真正能改变自己、适应环境的人并不多。因此在困境中，柔软与忍耐就十分必要了。

面对物质方面的困境时，你可以去做你平时看不起或不十分情愿做的事。例如，你失业了，可是又找不到如意的工作，为了生活不得不摆地摊、挑砖块、当跑堂等，都是可以做的，虽然工作形式改变了，但人的壮志与抱负未必就会磨损变质，很多落难的英雄其实都有类似经历。

面对人为的困境时，你必须在这种无法抗距的人为力量下，做对方要你做的事，你可能会很卑贱、很委屈，但这只是肉体上的屈服，你的意志并未屈服，你的原则并未改变。

也许有人会认为做一个“符号”太没志气，看起来的确如此，可是当人无力改变环境时，也只能尽量保持“我”存在，“我”消失了，还能谈什么理想与抱负呢?

也许你尚未遇到困境，不过在人际关系上多多少少也会有一些不愉快。做一个“符号”吧，让其他人感受到你的“柔软”、你的“吸纳”与“包容”。千万不要做一块石头，因为“符号”可以捏回原形，可是石头碎了，就再也补不回来了。